基金项目

教育部人文社会科学研究青年基金项目 (17YJCZH132)

江苏省"333 高层次人才"培养工程

徐州工程学院学术著作出版基金

江苏省生产力学会开放课题 (JSSCL2018B002)

# 产业视域下中国城镇化的
# 碳排放效应研究

牛鸿蕾　著

U0312147

江苏大学出版社
JIANGSU UNIVERSITY PRESS

镇　江

**图书在版编目(CIP)数据**

产业视域下中国城镇化的碳排放效应研究 / 牛鸿蕾
著. — 镇江：江苏大学出版社，2019.12
 ISBN 978-7-5684-1294-0

 Ⅰ. ①产… Ⅱ. ①牛… Ⅲ. ①城市－二氧化碳－排气
－研究－中国 Ⅳ. ①X511

中国版本图书馆 CIP 数据核字(2019)第 291789 号

**产业视域下中国城镇化的碳排放效应研究**

著　　者/牛鸿蕾
责任编辑/张小琴
出版发行/江苏大学出版社
地　　址/江苏省镇江市梦溪园巷 30 号(邮编：212003)
电　　话/0511-84446464(传真)
网　　址/http://press.ujs.edu.cn
排　　版/镇江市江东印刷有限责任公司
印　　刷/虎彩印艺股份有限公司
开　　本/710 mm×1 000 mm　1/16
印　　张/10
字　　数/200 千字
版　　次/2019 年 12 月第 1 版　2019 年 12 月第 1 次印刷
书　　号/ISBN 978-7-5684-1294-0
定　　价/46.00 元

如有印装质量问题请与本社营销部联系(电话：0511-84440882)

# 前　言

作为世界上最大的发展中国家,中国进入了城镇化高速发展的时期,这既是经济社会发展的必由之路,又是满足生产力发展的客观需要。经济发展本身也是一个城镇化、工业化及城乡差距缩小的过程。改革开放以来,中国城镇化进程有力推动了经济的不断增长,同时为协调增长、消化过剩产能带来了巨大的机遇。然而,仅以土地为主的城镇化降低了城镇人口、资源和产业的密度与联系,抑制了城镇生态系统的优化演进,导致资源利用效率低下、城镇经济缺乏自生能力、政府财政风险大等一系列问题,随之而来的还有石化能源需求的急剧提升等。显然,促进城镇化与发展低碳经济之间存在着十分密切的相关性。

根据国家统计局公布的数据,截至 2018 年底,我国城镇化率已由 1990 年的 26% 升至 60%。城镇化的加速发展为节能减排带来了巨大的压力和挑战。研究机构 Carbon Brief 推算,2018 年中国碳排放总量达 100 亿吨,比上一年增长 2.3%,超过 2017 年 1.7% 的增速,其中煤炭消费排放为 73 亿吨,同比增长 1.0%,石油消费排放 15 亿吨,同比上涨 6.5%,天然气排放 5 亿吨,增幅最大,同比上升 17.7%。另外,《气候变化绿皮书:应对气候变化报告(2018)》指出:中国到 2030 年将有约 10 亿人居住在城市,同时出现 221 座百万以上人口城市和 23 座五百万人口的城市,城市经济产值将占全国 GDP 的 90%。然而,不可忽视的是,中国城镇化过程正逐渐形成高碳锁定态势。据国务院研发中心发布的数据,城镇化率每增加 1 个百分点,能源消耗量会至少上升 6 亿吨标准煤。可见,城镇化加速发展将对节能减排产生至关重要的影响。

不可否认,以高碳为主的能源结构和能源利用效率偏低是影响我国新型城镇化低碳发展的主要因素之一。根据东英吉利大学的一项新研究(2019),若中国产业结构和能源效率的变化有效持续下去,碳排放量可能会维持下降趋势。由国家统计局发布的相关数据测算可知,近十年来,我国生产部门能耗占总能耗的比重始终接近 90%,而包括工业与建筑业的第二产业能耗在生产部门能耗中的占比也接近 80%,直接产生的碳排放量占总排量的比重也处于 90% 左右,在一定程度上凸显了以生产部门和转换部门为中心的碳排放结构特征。因此,本书选择以产业为视域,进一步研究中国城镇化进程中的碳排放效应及其区域性差异,为进一步城镇化建设的整体架构及建设思路奠定坚实的基础。这对于激发我国城镇化进程的潜力和后劲,对于积极稳妥推进新型城镇化建设都具有十分重要的实际意义,已成为经济新常态下经济社会可持续发展所面临的紧迫任务和重要课题。

本书主要包括以下几个方面的内容:研究国内外城镇化低碳发展的理论与政策实践,以及城镇化碳排放效应的基本概念框架;纵向考察与横向比较我国和国内各区域的城镇化发展情况,综合分析碳排放的时空演变趋势,阐明现阶段城镇化建设为低碳发展带来的机遇与挑战;基于扩展的 STIRPAT 模型和动态空间面板数据模型,根据省域面板数据,实证分析中国城镇化的碳排放效应并提出相应的对策建议;构建一个以投入产出方程为主要约束条件、以一组社会经济发展目标为目标函数的动态多目标优化模型,并基于此预测城镇化背景下中国工业结构调整碳排放效应的发展趋势;基于 STIRPAT 模型及动态空间杜宾面板数据模型,根据省域面板数据,实证分析城镇化背景下中国建筑业碳排放的影响因素。

在不同国家或地区,由于历史沿革、资源禀赋、经济发展阶段、科技发展水平、技术创新能力等方面的差异,城镇化的发展情况不尽相同,而一组相互协调良好的区域城镇化经济,可以使地理位置、要素禀赋和产业结构不同的地区承担不同的经济功能,实现单个孤立市场无法达到的规模经济和集聚效应,有助于打破高碳排放的局面。对于中国城镇化低碳发展这一热点问题,并没有现成的经验可以照搬,其他地区的情况只能是参照。可见,以产业为研究视域,研究当前城镇化进程中的碳排放效应及其区域性差异与关联,为寻求产业视域区域辨识度高的城镇化碳排放发展路径提供理论支撑,具有重要的现实意义。

牛鸿蕾

2019 年 10 月

# 目　　录

# 第1章 绪 论

## 1.1 问题的提出

根据发展经济学的经典理论,经济发展本身也是一个城镇化、工业化及城乡差距缩小的过程(Lewis W. A., 1954; Mas – Colell 和 Razin, 1973; Lucas, 2004)。在城镇化发展进程中,2010 年具有里程碑式的意义,正是在这一年世界城镇化率超过了 50%。根据国家统计局公布的数据,截至 2018 年底,我国城镇化率已由 1990 年的 26% 升至 60%。作为世界上最大的发展中国家,中国进入城镇化高速发展的时期,为节能减排带来了巨大的压力和挑战。

根据 2007 年 IPCC 第四次评估报告,2005 年大气中 $CO_2$(379 ppm)和 $CH_4$(1774 ppb)的浓度远远超过了过去 65 万年的自然变化的范围;全球 $CO_2$ 浓度的增加主要是由于化石燃料的使用,若到 2030 年及以后,在全球混合能源结构配置中化石燃料仍保持其主导地位,全球温室气体排放量在 2000—2030 年期间则会增加 25% ~90%($CO_2$ 当量)。随着经济一体化和城镇化的发展趋势不断加强,我国对能源需求呈现跳跃式增长,在国际上被认为碳排放总量已跃居世界第二位,仅次于美国。据预测,我国 2020 年 $CO_2$ 排放量将达到 15.43 ~21.74 亿吨。面临严峻的碳排放形势、日益严重的能源威胁与环境恶化局面,低碳化发展成为中国乃至全世界发展进程中一项必要且迫切的任务,是国内外学术界关注的焦点问题。

在国际能源署举办的《世界能源展望2018》中国发布会上,国家能源局监管总监李冶透露:2018年中国的能源生产总量达37亿吨标准煤,同比增长3%;能源消费总量达46.2亿吨标准煤,较2017年的44.9亿吨上升2.9%,增速持平。同年,研究机构 Carbon Brief 根据中国发布的最新统计数据推算,2018年中国碳排放总量达100亿吨,比上一年增长2.3%,超过2017年1.7%的增速,其中煤炭消费排放为73亿吨,同比增长1.0%,石油消费排放15亿吨,同比上涨6.5%,天然气排放5亿吨,增幅最大,同比上升17.7%。虽然碳排放增量在提高,但随着经济与能源结构的转型,碳排放强度(即单位 GDP 碳排放量)减少了4.0%。能源署指出:中国能耗模式的变化(例如煤炭消耗的减少)成为世界碳排放总量停止增长的主要原因之一。

不可否认,中国的低碳发展对于国内外气候变化都将产生积极影响,然而,近些年城镇化的加速发展会在一定程度上带来能源需求的加剧,给环境带来负面影响,同时,在实践中还存在一些与此过程不相适应的矛盾和因素,一定程度上制约了我国城镇化的低碳发展。根据第十三个五年规划,2016—2020年能源消耗年度增长目标被确定在平均2.5%,比上一个5年(2011—2015年)的3.6%减少了1.1个百分点。为顺利实现这一目标,如何推进城镇化的低碳发展显得尤为重要,同时,新能源技术的发展也对此提出了迫切需求。

众所周知,能源结构以高碳为主和能源利用效率偏低是影响我国新型城镇化低碳发展的主要因素之一。根据东英吉利大学(UEA)领导的一项新研究(2019),如果中国的产业结构和能源效率的变化持续下去,中国的碳排放量可能会持续下降。根据国家统计局发布的相关数据测算,近十年来,我国生产部门能耗占总能耗比重始终接近90%,而包括工业与建筑业的第二产业能耗在生产部门能耗中的占比也接近80%,直接产生的碳排放量占总排量的比重也处于90%左右,在一定程度上凸显以生产部门和转换部门为中心的碳排放结构特征。因此,本书选择以产业部门为视域,进一步研究中国城镇化进程中的碳排放效应及其区域性差异,寻求城镇化碳排放效应的应对机制及其实现路径,探索低碳城镇化建设的整体架构及建设思路。

在不同国家或区域,由于资源禀赋的差异,在不同的社会经济发展阶段,城镇化的发展路径与模式不尽相同。目前,尽管国家及各级地方政府正加紧研究部署推进新型城镇化低碳建设的战略措施,但仍缺乏较为系统的规划部署,而促进低碳城镇化的发展并没有现成的经验可以照搬,其他国家的情况只能是参照。可见,本研究对于进一步激发我国城镇化进程的潜力和后劲,对于积极稳妥推进新型城镇化建设具有十分重要的实际意义,已成为经济新常态下经济社会可持续发展所面临的紧迫任务和重要课题。

## 1.2 研究现状与述评

### 1.2.1 关于城镇化的碳排放效应

近些年,越来越多的研究关注城镇化与碳排放的关系,研究情况可归纳为以下几点:

第一,从地理范畴来看,本领域的研究可以针对全球多个国家、某个国家或地区,甚至某个省份或城市(Yu Liu 等,2014;Sahbi Farhani 和 Ilhan Ozturk,2015;陶爱萍等,2016)。Li 等(2011)和 Zha 等(2010)分别研究中国相关问题,O'Neill 等(2012)主要针对印度和中国的情况进行研究,Parshall 等(2010)着眼于美国本土,Shahbaz 和 Lean(2012)的研究对象是突尼斯,Lantz 和 Feng(2006)则关注的是加拿大,Jones(1991)、Parikh 和 Shukla(1995)曾对发展中国家进行研究,Poumanyvong 和 Kaneko(2010)同时还兼顾对一些发达国家的调查。

同时,我国学者针对国内某一省域或市域的研究正不断展开,包括:山东省(Lijun Ren 等,2015)、辽宁省(Shiwei Liu 等,2013)、30 个省会城市(Chuanglin Fang 等,2015)、天津市(Lina Xu 等,2013)等。此外,Zhang 和 Lin(2012),Shaojian Wang 等(2014)和 Yang Zhou 等(2015)分别研究的是全国性问题,却充分利用了省域数据。

第二,从现有文献所涉及的研究方法或模型来看,主要包括:STIRPAT

或改进 STIRPAT 模型(Lina Xu 等，2013；Yu Liu 等，2014；Wang，2014；王世进，2017)、LMDI 指数分析法(Feng K S 等，2013；Xu S C 等，2014；He K B 等，2005；刘丙泉等，2016)、投入产出分析法(Liang Q M 等，2007)、可计算的一般均衡模型(Jiang K J 等，2006)、格兰杰因果关系检验(Sahbi Farhani 和 Ilhan Ozturk，2006)、误差修正模型(胡雷和王军锋，2016)、全排列多边形图示指标法(Feng Li 等，2009)和非参数可加回归模型(Bin Xu，Boqiang Lin，2015)等。与以上方法不同，欧阳慧等以低碳发展、低碳能源、低碳生产、低碳生活、低碳布局、低碳管理等为重点环节选择关键性指标，构建国家低碳城(镇)评价指标体系，并采取"评分"和"达标"相结合的方式进行评价；此外，应用 Kaya 恒等式分析国家试点低碳城(镇)碳排放影响因素，并研究提出了围绕主要影响因素突破重点领域，推进试点城(镇)"五个低碳化"的路径选择(欧阳慧，2016)。

目前，关于城镇化与碳排放关系的实证研究大部分基于全国时间序列数据或省域截面数据，小部分采用面板数据，其中进行空间面板分析的并不常见，同时兼顾动态情况的就更罕见了。实际上，在碳排放影响因素的研究领域，空间面板数据模型已得到比较充分的运用（Yu Liu 等，2014)，但在很多情况下，并未纳入城镇化水平这一影响因子。可见，根据动态空间面板数据模型且专门针对城镇化碳排放效应的全面、深入研究还非常少。不可否认，与传统的截面数据相比，面板数据具有一些显著优势(Al-mulali U，2012)。它不仅有助于利用更多的数据信息、提高自由度和有效性，还能检测和度量截面数据或时间序列数据所无法观测到的影响。此外，地区或省域的碳排放并非完全彼此独立，其空间关联性的存在可能在一定程度上影响城镇化的碳排放效应的产生，在这种情况下仅关注个体差异表达的经典模型是难以适用的，而一旦这一空间相关性被忽略，很可能导致模型估计有偏差。另外，在现有城镇化的碳排放效应研究中，一些重要因素(如政府政策等)常常被忽略、将城镇化水平简单地等同于城镇化率高低等，都可能对效应评价结果产生不利影响。

第三，关于城镇化碳排放效应的研究结论并不完全一致，大体分为以下几种情况：① 城镇化的碳排放效应为正；② 城镇化的碳排放效应为负；

③ 城镇化与碳排放之间呈现反转的 U 形非线性关系;④ 碳排放量的增加会对城镇化提升产生不利影响。一些结论仍需更进一步的验证。

第四,中国城镇化的低碳发展策略已成为国内学术界的热点问题。根据可持续发展的基本原理,低碳城镇化的发展规划确实有助于实现低碳能源与技术的大力推广(Clin Stong Ho 等,2013),同时,节能减排、生态文明建设、经济平稳运行、低碳化发展也是推进新型城镇化进程的关键所在,这在诸多实证研究中已得到验证(仇保兴,2009;赵红和陈雨蒙,2013;周葵和戴小文,2013;臧良震和张彩虹,2015)。此外,李超等(2016)通过对传统规划建设管理流程的创新,建立了一套以绿色建筑定量化能耗指标为核心的规划建设管理体系。宋书巧和陈嘉妮(2019)在厘清低碳城(镇)内涵的基础上,提出实施低碳发展规划、改善能源结构、培育低碳产业、增强民众低碳意识等低碳城镇化的路径选择。李超和李宪莉(2018)提出建立以总量控制为导向、以运营监测评估为重点的低碳城镇环境管理机制。然而,如今城镇化低碳发展策略的研究仍处于初级阶段,还缺少系统性、全局性和战略性的思考,应更加紧密地结合城镇化碳排放效应的实证研究结论,否则,难以清晰绘制出国家或省域的城镇化低碳发展路线图。

鉴于上述研究现状,本书力图在选题视角、模型与方法选择、变量设计等方面有所创新,体现一定的理论价值。

### 1.2.2　关于碳锁定效应

(1) 碳锁定概念的演化

在早期,碳锁定问题的研究并未受到学术界的直接关注,它主要被隐含在如何控制和减少环境成本投入以优化经济增长模式的议题之中。20 世纪 80 年代中期,不少学者开始使用"技术锁定"的概念描述技术变迁中的路径依赖现象,即技术和技术系统沿着特定的路径发展,造成摆脱该路径越来越困难,成本越来越高昂,使其在很长时间内趋于维持存在状态,并抵制潜在更优技术及技术系统的竞争,从而形成"锁定"。美国经济学家道格拉斯·诺斯(1994)把这种"技术锁定"和相应的"路径依赖"概念引入制度变迁的理论研究中。随后,基于上述技术锁定和制度路径依赖理论,西班牙学者 Gregory C. Unruh 于 2000 年最先提出碳锁定的概念,自此,这一问题才真正开始受到广泛重视。根据 Unruh(2000)的观点,当时发达国家的工业经济锁定在以化石燃料为基础的碳基能源体系中,原因在于规模报酬递增推动了碳基技术和制度的协同演化,从而形成"碳基技术—制度综合体"(techno - institutional complex, TIC)。此后,Unruh(2002,2006)把碳锁定的类型进一步细分为技术锁定、组织锁定、产业锁定、社会锁定和制度锁定,并提出随着经济全球化进程的加快,碳锁定可能从发达国家蔓延至发展中国家,亦即"碳复制"(carbon copies)。另外,Kline D.(2001)、Brown M. A.(2008)和 Martin R.(2010)分别以环境政策、技术壁垒和经济格局等为着眼点对碳锁定概念及其产生机制进行相关的理论研究。而 Karen C. Seto 等(2016)确定了基础和技术碳锁定、制度碳锁定、行为碳锁定 3 种碳锁定类型,并描述了它们共同进化的过程。

在国内,以 Unruh 的碳锁定研究为基础,李宏伟等(2013)从碳基技术体制视角重新定义碳锁定,并阐明碳锁定与碳基技术体制演化之间的关系,谢来辉(2009)从低碳经济出发进一步解释了碳锁定的深刻内涵,并论述了碳锁定、碳解锁与发展低碳经济的关系,而梁中(2017)关注于产业层面的碳锁定,将其界定为一种具有欠发达区域情境特征的特殊锁定机制,在该机制下,区域经济发展将形成对高碳产业的路径依赖,并造成寻求替代产业和政策的系统性失灵问题。此外,吕涛等(2014)界定了家庭能源消费中碳锁定现象的基本概念,发掘出高碳能源消费结构难以改变、高碳能源消费方式内在惯性及高碳消费环境路径依赖 3 种碳锁定表现形式。

(2)碳锁定的成因

近些年来,国内外诸多学者从不同角度或采用不同方式对碳锁定成因展开一系列研究,并取得较为丰富的成果。

目前比较典型的视角是技术、制度及两者的交互作用,因为碳基技术被一致认为是产生碳锁定的直接原因,而碳锁定是碳基技术体制和碳基制度体制共同作用的结果。David P. A.(2007)曾指出:TIC 中的技术、组织和制度等系统的相互强化进一步加强了路径依赖,产生了渐进的"不变性",或者使经济系统进入一种局部或全局的稳定均衡状态,即锁定状态。

Mattaucha 等(2015)提出,政府政策干预可以适当降低碳锁定的出现概率,而高替代性会增加锁定的风险,但需要较少的激进政策干预引发低碳经济结构变化。Murphy(2001)认为发展中国家还没有完整建立"技术—制度综合体",所以技术跳跃的优势将有助于这些国家摆脱碳锁定困境,该结论为欠发达国家和地区的解锁策略研究提供了一个富有价值的参考。在国内,杨玲萍和吕涛(2011)从发电、汽车消费、建筑能耗等领域分别对我国碳锁定状况做了具体分析,得出造成碳锁定的原因主要为技术锁定和制度锁定。李宏伟(2013)通过碳基技术体制演化过程揭示了碳锁定形成机理。刘娟和谢莉娇(2013)指出,碳锁定会阻碍低碳新技术的研发和普及,而新技术对于稳定温室气体浓度有着至关重要的作用。谢海生和庄贵阳(2016)则认为,碳锁定效应形成的主要原因包括技术、组织和社会制度等。此外,碳锁定的制度化机理可从行动者网络、规则体系和社会嵌入 3 个方面剖析(李宏伟等,2018);碳锁定会阻碍低碳新技术的研发和普及,而其对于稳定温室气体浓度至关重要(刘娟和谢莉娇,2013);等等。

一些学者立足于某类产业或某个区域来论证碳锁定的成因。郭卫香和孙慧(2018)从区域的视角,测算中国西北 5 省碳排放量和产业结构的灰色关联度,实证分析产业结构碳锁定情况。王志强和蒲春玲(2018)判定了新疆地区碳锁定状态并分析其形成机制。从高碳产业的快速发展视角,Yan 和 Yang(2010,2013)、Rasmus(2012)分别将碳锁定成因归于中国火电产业的扩张效应和特有的集权体制影响。Sanya Carley (2011)研究了美国电力行业的碳锁定状况,发现技术变革、产业领导地位、市场结构、政府政策、公民参与行为模式和企业行为都在一定程度上促使碳锁定。在实证分析了西班牙风能和太阳能光伏产业的案例后,Pablo 和 Gregory (2007)发现,技术经济特点和基础设施及制度因素可能会阻碍可再生能源技术的广泛普及,从而导致技术上的锁定。周五七和唐宁(2015)系统评估了中国工业各细分行业的碳排放量、碳排放强度及碳排放脱钩弹性,分析了中国工业行业碳解锁的进程、特征和影响因素。陈文捷和曾德明 (2010)认为,目前我国的工业经济处在碳锁定的状态,这是由技术和制度共同演进过程中路径依赖的报酬递增所引起的。李明贤(2010)分析了我国低碳农业发展的技术锁定,并提出相应的技术替代策略。吴玉萍(2016)提出在消费主体、生产主体和行政主体三种主体力量的作用下,由于报酬递增和自我强化的驱动,产生技术锁定、产业锁定、制度锁定、城镇居民消费锁定;四者相互作用、交互强化,形成一个具有路径依赖特征的综合系统,最终导致河南城镇化进程中碳锁定的形成。张庆彩和阮文玲(2013)以安徽省淮北市为例,从技术层面、产业层面、制度层面及其综合层面分析了我国资源型城市"高碳锁定"的内在机制。王志华等(2012)对江苏制造业低碳化升级的锁定效应进行定量判断与分析。

还有一些学者从其他角度对碳锁定成因展开研究。王岑(2010)从低碳经济内涵及低碳经济与技术创新的关系入手,探讨了我国经济发展过程中碳锁定产生的原因。刘胜(2011)认为,分散决策下持续获利与社会分担环境成本会导致碳排放行为的无节制进行,从而导致经济发展的高碳化。屈锡华(2013)认为工业化和城市化进程中对化石能源的依赖、能源结构对煤炭的严重依赖、低碳消费观念落后,以及我国在世界经济格局中的分工地位等造成我国经济发展中的碳锁定效应。

少部分关于碳锁定成因的研究建立在碳锁定测算与模型构建的基础之上。张济建和苏慧(2016)构建了碳锁定效应改进PSR模型,从压力、状态、响应三个角度提炼碳锁定效应驱动因素,分析各驱动因素的作用机制。同样,刘晓凤(2019)也从压力—状态—响应模型着手,经由构建涵盖陆地、湿地的碳承载力、碳锁定系数的计算公式,运用供求均衡法设置了区域碳锁定压力状况的判定程式。汪中华和成鹏飞(2016)通过测算碳超载率对碳锁定的程度及变化趋势做出基本判断,然后利用ECM模型对碳锁定的影响因素进行分析。徐盈之、郭进和刘仕萌(2015)基于投入产出分析法测度碳锁定系数,并借助PLS结构方程模型分析碳解锁路径。与此相近,蔡海亚、徐盈之和双家鹏(2016)运用投入产出法、空间自相关法和通径分析模型,分别对中国各省份碳锁定状况的时空演变特征及其影响机理进行分析。徐盈之(2018)基于空间自回归模型实证分析省级碳锁定的空间溢出效应。

（3）中国的碳解锁路径

针对中国的碳解锁实现途径,大多数研究集中于从技术创新、低碳技术扩散及制度变迁等方面入手的解锁路径。孙丽文(2019)以"碳锁定"治理为研究对象,根据博弈参与方的性质,通过建立不同类型的博弈模型,分析了"碳锁定"治理过程中诸方利益博弈关系,并提出政府应加强制度机制建设、企业应强化约束机制、消费者需树立绿色消费意识倒逼低碳转型的建议。李宏伟等(2013)基于技术体制视角,构建了碳解锁的基本模式与治理体系。张贵群和张彦通(2013)提出碳基技术锁定效应下的低碳技术应用与推广策略。杨园华等(2012)结合实证调研结果,剖析锁定效应的各构成要素对企业低碳技术创新的影响程度,并寻求打破技术锁定和加快企业低碳技术创新进程的推动力。张庆彩和阮文玲(2013)从"高碳锁定"效应在资源型城市中的表现及其影响切入,从技术层面、产业层面、制度层面及其综合层面探讨资源型城市"高碳锁定"的解锁路径与策略。安福仁(2011)指出大力培育和发展低碳技术,以及构建与低碳技术相配套的制度体系是中国破解碳锁定效应的重要内容。此外,具有代表性的实证研究还有:基于技术进步和制度创新视角,徐盈之、郭进和刘仕萌(2015)运用投入产出法和 PLS 结构方程模型,分别对我国的碳锁定状况和碳解锁路径进行研究。通过构建碳超载率与能源消耗、制度约束、技术进步 3 个变量的 ECM 模型,汪中华和成鹏飞(2016)得出三者对碳锁定的影响程度,进一步探讨中国碳解锁路径。王志华、缪玉林和陈晓雪(2012)借助脱钩理论对江苏制造业低碳化升级的锁定效应进行评价与分析,并提出促进碳解锁的相关对策和建议。

此外,还有一些研究的切入点和落脚点与众不同。李宏伟等(2019)梳理了我国碳锁定形成的主要原因,并在此基础上深入分析了"一带一路"建设背景下碳锁定的发展态势,提出应推动合作机制和平台建设,明确各方低碳发展责任,构建碳锁定综合治理路径,并对建设项目进行碳金融鉴证、能源审计和碳审计。王敏等(2011)分析了碳税开征对破解碳锁定困境的作用。杨玲萍和吕涛(2011)重点考察我国在发电、汽车消费和建筑能耗等领域的碳锁定现状及其原因,并提供解决思路。孙庆彩等

（2013）分析我国对外贸易的"高碳锁定"与路径依赖的原因，进而提出外贸模式转型的关键在于促进低碳经济发展的机制设计与政策选择等解锁策略。周志霞（2017）从山东省特色农业集群发展实际出发，基于高校—产业—政府三重螺旋模型创新的理论框架（UIG），构建了高碳锁定约束下山东省特色农业集群创新模式。根据矿产资源和社会生产力在局部地域上的差异和分布将黑龙江省划分为6个矿产资源开发区，汪中华和成鹏飞（2016）提出通过将"碳超载"作为政府考核指标、增加黑龙江省矿产资源开发区的森林覆盖率、调整工业能源消费结构、依靠技术的进步、污染产业区际转移等途径来实现碳解锁。蔡海亚（2018）提出应根据行业的碳排放及碳锁定的类型加强重点行业的减排工作。

（4）与碳锁定紧密相关的其他研究

除上述直接针对碳锁定的研究之外，与之最相关的研究主要集中于以下3方面：一是经济或产业发展与碳排放之间关系的研究，尤其是有关"脱钩"和"弹性脱钩"理论（OECD，2002；庄贵阳，2007；李忠民和庆东瑞，2010；徐盈之、徐康宁和胡永舜，2011；李斌和曹万林，2014；陆钟武等，2011）。二是实现低碳发展的制度设计和技术路径研究，重点包括：碳税制度（高鹏飞和陈文颖，2002；吴力波等，2014；张晓娣和刘学悦，2015）、碳交易机制（Nicholas Stem，2007；傅京燕和代玉婷，2015）、低碳产业和技术创新路径（Foxon T，2008；Hamilton J 和 Mayne R，2015；曹霞和于娟，2015）、区域低碳创新系统的构建、区域低碳发展的障碍和战略等（陆小成和刘立，2009；黄世坤，2012；田成川，2015）。三是经济发展模式的锁定问题，重点包括资源型经济的锁定效应（中国人民银行盘锦市中心支行课题组，2001）、区域经济的锁定效应（陈飞翔和黎开颜，2007；陈洪，2008）、技术锁定效应（黎开颜和陈飞翔，2008）等。以上研究虽然着眼于节能减排或低碳发展方面，但在一定程度上为碳锁定成因及路径研究提供了有力的支撑。

（5）区域经济协同发展与低碳发展

"协同"一词来自于古希腊语，意为"协调合作之学"，1969年德国物理学家哈肯首次提出"协同学"这一名称。"协同效应"广泛地应用于经济学优化资源配置研究,为解决世界各国面临的区域发展不平衡问题找到了出路。区域协同效应的存在,使分散的局部地区优势转化为叠加的综合经济优势,增强了区域经济的发展活力,进而促进区域产业分工的进一步深化,形成区域分工与协同发展的良性循环,因而常被作为区域经济研究的重点(王得新,2016)。目前,我国区域经济协同发展的研究中,更多侧重于产业协同(张平,2005;张淑莲等,2011;张劲文,2013)和政府协同(王明安,2013;张俊峰,2013)两个方面,在实现机制上则更多从多个主体综合着眼(曹堂哲,2010;邱诗武,2012),也有不少对金融发展与创新驱动协同发展的多角度分析(孙伍琴,2008;彭建娟,2014;祝佳,2015)。在该领域,与低碳发展有关的研究主要集中在:区域低碳创新系统(甘志霞等,2016)、区域低碳产业协同创新体系(杨洁,2014)、跨区域低碳经济协同发展及其管理协同机制(余晓钟等,2013)、区域协同发展中碳排放转移规制策略(孙华平等,2016)、区域低碳协同发展框架(Qi Tianzhen 等,2016)等方面。不过,目前直接将区域协同与碳锁定问题放入同一研究框架内的还非常少见。

(6)研究述评

通过对国内外碳锁定相关研究成果的系统梳理,发现该问题已取得较快的研究进展,且范围日趋广泛。从碳锁定的概念界定和影响效应分析,到锁定形成过程的机理和演化规律研究,再到解锁路径和策略的探寻,都逐渐被纳入研究视野。总的来看,首先,碳锁定概念的演化很大程度上依托于技术锁定和路径依赖理论在环境技术经济演化研究中的具体应用和拓展;其次,现有关于碳锁定成因的研究主要突出制度、技术,以及技术与制度综合体的影响作用,较清晰地勾勒出其关系脉络;再次,已有解锁研究的内在逻辑出发点大都以锁定效应分析为基础,集中于技术锁定效应、产业锁定效应和制度锁定效应 3 个层面。

然而,在一些方面该领域的研究仍需进一步补充与拓展,主要体现在:① 目前的研究精于锁定成因的理论分析,但对于如何测度碳锁定效应,以及到底哪些因素影响碳锁定还需要更加确切而系统的深入分析,以更加全面、严谨的实证研究为支撑。② 研究主要集中在碳基技术的锁定问题层面,对产业和区域层面的锁定机理及相应的解锁路径问题缺乏足够的关注,尤其是基于中国化情景信息的碳锁定分析尚需补充和完善。实际上,碳锁定的形成及其解锁路径均具有显著的行业性、区域化与阶段性特征,受制于不同国家和地区经济发展水平、市场体制、能源基础与技术创新能力等诸多因素。因此,对碳锁定的相关问题研究必须基于充分而具体的情景化信息分析,其结论才具有可解释性、针对性及实际参考价值。③ 现有研究缺乏对不同层面的碳锁定在不同区域空间下而存在的演化规律差异的细密考究,也很少考虑到各区域的碳锁定之间可能存在关联性,即需要更进一步解释区域间碳锁定程度和状态的差异性与相关性。④ 已有文献基本上采用规范和实证的研究方法,而聚焦碳解锁失败或成功案例的研究较为鲜见。

## 1.3 研究价值

### 1.3.1 学术价值

相较之前的研究,本研究更能充分体现新型城镇化的时代背景及其对碳排放的影响作用,不局限于城市社区、政府职能等方面的一些概念性描述与设想;并且,以产业为视域范围,全面考察中国城镇化的碳排放效应,在充分纳入具体情景化信息的基础上,从不同层面深入剖析城镇化碳排放效应的形成机理,其结论更加具有可解释性、针对性及实际参考价值,力争为后续研究提供更为扎实有效的理论与实证支撑。这一研究对于明确城镇化发展的节能减排需求,寻求新型城镇化的低碳发展路径,具有重要的理论价值。

### 1.3.2 应用价值

城镇化作为区域经济中心和增长极,为经济社会的发展做出了巨大的贡献,目前中国城镇化率已突破60%,处于转折的关键点。从演化经济学角度来看,高碳锁定效应会伴随城镇化进程而产生,而技术—经济系统是具有正反馈机制的随机非线性动态系统,一旦发生这种高碳锁定情形,就容易形成"不可逆的自我强化趋向",相伴的社会、生态、经济、民生等一系列问题频发。近些年来,各级政府正在加紧研究部署推进新型城镇化建设的战略措施,但对于如何应对城镇化进程的碳排放效应还需要更加系统的规划部署。超过90%的碳排来自于生产部门耗能,由此产生了以生产部门和转换部门为中心的碳排放结构特征,故本研究从产业部门入手,研究城镇化的碳排放效应更具现实意义。

本书的实际应用价值主要体现在:① 有助于寻求新型城镇化背景下坚持低碳发展的有效途径,有利于抓住新型城镇化建设所带来的机遇,战胜同样随之而来的挑战,解决目前与低碳发展相违背的由于城镇化产生的问题;② 为探索新型城镇化建设的整体架构提供思路,进一步激发整个城镇化进程的潜力和后劲,对于积极稳妥推进新型城镇化建设具有非常重要的实际意义。

具体来看,本研究有助于相关部门更加科学、有效地制定城镇化低碳发展方面的政策、法规,为各级政府研究部署推进新型城镇化建设的战略措施提供理论支撑,有助于制定更加系统的规划部署来充分遏制中国城镇化进程的碳排放增加效应,同时,为不同区域贯彻落实具体城镇化低碳发展战略与举措提供典型借鉴和新思路。

# 1.4　主要内容

本书的主要内容包括 5 个方面。第一,研究国内外城镇化低碳发展的理论与政策实践,以及城镇化碳排放效应的基本概念框架。第二,纵向考察与横向比较我国和国内各区域的城镇化发展情况,综合分析我国碳排放的时空演变趋势,阐明现阶段城镇化建设为低碳发展带来的机遇与挑战。第三,基于扩展的 STIRPAT 模型和动态空间面板数据模型,根据相关年份的省域面板数据实证分析中国城镇化的碳排放效应并提出相应的对策建议。第四,构建一个以投入产出方程为主要约束条件、以一组社会经济发展目标为目标函数的动态多目标优化模型,并基于此预测城镇化背景下中国工业结构调整碳排放效应的发展趋势。第五,基于 STIRPAT 模型及动态空间杜宾面板数据模型,根据相关年份的省域面板数据,实证分析城镇化背景下中国建筑业碳排放的影响因素。

# 1.5 主要研究方法

本研究充分运用城市经济学、资源与环境科学、空间计量经济学、控制与优化等学科相关理论,以相关理论研究为基础、实证研究为依据,对中国城镇化进程的碳排放效应问题做进一步的探讨与引申。在将定量和定性信息同时纳入分析框架的基础上,科学构建并充分运用动态空间面板数据模型和动态多目标优化模型。

本书的主要特色及创新之处包括:

(1)研究对象的设定。选择以产业部门为视域范围,集中关注城镇化进程的碳排放效应,并充分论证各省域碳排放的空间相关性在其中所起到的作用。

(2)实证模型的构建。目前,不少研究已结合运用空间面板数据模型和STIRPAT扩展模型来分析碳排放影响因素,但较少涉及城镇化因素,也很难对城镇化进程的碳排放效应做出全面而深入的分析。可见,本书构建并运用基于STIRPAT扩展模型的空间面板数据模型,专门研究城镇化进程的碳锁定效应及其空间异质性,在同一领域内还是比较鲜见的。

(3)变量的选取。采用的实证分析模型同时具备空间相关性与动态性特征,并且,为从另一侧面反映城镇化发展情况,除城镇化率以外还纳入新的变量——城市首位度,用来表示城市规模分布的变化。

(4)预测模型的构建。提出一个以动态投入产出平衡方程为主要约束条件、以一组社会经济发展目标为目标函数的多目标优化模型,并基于此预测未来几年城镇化背景下中国工业结构调整的碳排放效应。与以往不同,本研究不仅根据多个目标对工业细分行业进行归类,还通过构建动态投入产出模型来测度工业结构调整的碳排放效应,把经济发展的现在和将来联系起来,保证预测结果更加符合经济运行状态。

(5)建筑业碳排放测度模型的构建。借鉴与发展前人的研究成果,将建筑业的碳排放分为直接碳排放与间接碳排放两部分,建立建筑业碳排放测度模型,并借助该模型测度城镇化背景下中国建筑行业的直接和间接碳排放量,展开描述性统计分析。

此外,本研究仍存在一些问题,有待今后逐步解决:

(1)研究的理论支撑应更加扎实。要更大范围地搜集与整理相关领域的文献资料,大幅度增加对国内外先进研究成果的精读与泛读工作,更细致、更系统地梳理城镇化低碳发展的理论脉络,为进一步深入研究打下更为坚实的理论基础。

(2)除从产业层面以外,还可考虑从"技术—产业—制度"综合层面出发,并充分结合不同区域的情景化信息,探究城镇化进程中碳排放效应的差异性特征。

(3)低碳城镇化为建筑业的发展带来机遇与挑战,不但对于该产业的低碳发展问题,而且对于与之密切相关的建筑材料制造业低碳发展问题的研究也应更加深入与具体。不可否认的是,除了建筑物的建造之外,建筑材料生产、建筑物使用等方面的耗能也非常巨大,可以说,建筑用能跨越工业生产和民用生活的不同领域,可与工业耗能、交通耗能并列,被并称为中国的三大"耗能大户"。目前,本研究已完成对建筑业低碳发展重点机制的构建,但仍需进一步加强对于建筑材料制造业的实地调研工作,搜集与整理更多的第一手资料,为提出更为具体且针对性强的建筑材料制造业低碳发展对策做好充分的准备。

# 第2章 理论基础与相关概念

## 2.1 低碳经济

### 2.1.1 马克思生态经济思想

长期以来,西方古典主流经济学派比较缺乏对资源环境的经济学分析,主要体现在:① 将研究范畴限定在市场经济框架之内,自然力被作为经济基础和外在条件排除在外,主张通过供求、价格、竞争、风险等市场机制引导资源优化配置、促进技术进步与节能;② 强调市场的趋利性、自发性、竞争性等特点,不考虑环境成本,以攫取利润最大化为根本目标;③ 忽视自然生态系统与社会经济系统,以及经济结构之间可以达到和谐统一。

根据马克思主义经典理论,自然资源和环境并非人类劳动的产品,只具有使用价值,而不具备凝结于一般商品中的无差别劳动;尽管对资源环境没有过多论述,但并不意味着政治经济学在资源环境的"完全缺位",马克思主义经济学思想中包含不少生态思想的论述,从中能够发现很多低碳经济思想的萌芽。首先,马克思(1844)曾提出:"没有自然界,没有感性的外部世界,工人什么也不能创造","……所谓人的肉体生活与精神生活同自然界相联系,不外是说自然界同自身相联系,因为人是自然界的一部分"。恩格斯认为:"工厂城市把一切水都变成臭气冲天的污水",造成"空气、水和土地的污染",破坏了生态系统正常运转与转化。可见,马克思经济理论已经明确指出社会生产与生活所带来的污染物排放会导致生态环境污染、系统失调。其次,马克思认为工业和农业废料及消费品消费残留会破坏环境,最大限度地减少排放或尽可能重复使用是改善这种状况的有效途径,尽管其观点并没有上升到环境保护的层面,但也体现了低碳经济的物质高效利用思想。再次,马克思(1844)指出:"机器的改良,使那些在原有形式上本来不能利用的物质,获得了一种在新的生产中可以利用的形式;科学的进步,特别是化学的进步,发现了那些废物的有用性质。"这体现了实现低碳经济必须依靠科技的思想。

### 2.1.2　低碳经济的内涵

2002 年,美国莱斯特·R. 布朗的能源经济革命论是对低碳经济思想的早期探索。在 2003 年的英国能源白皮书《我们能源的未来:创建低碳经济》中,"低碳经济"被首次提出。作为第一次工业革命的先驱但自然资源并不富裕的国家,英国当年已经充分认识到能源安全与气候变化的威胁,并按照当时的消费模式预计,2020 年 80% 的能源都必须进口,如何控制气候变化的影响已刻不容缓。白皮书中指出,"低碳经济"是在可持续发展理念的指导下以更少的自然资源消耗与环境污染为代价获取更多的经济产出。具体来看,可采用技术制度创新、产业升级转型、新能源开发利用等多种方式,尽可能减少煤、石油等高碳石化能源的消费,降低碳排放,有效控制温室效应的产生,使经济社会发展与生态环境保护形成一种双赢的局面,使低碳经济的发展实现帕累托最优。同时,发展低碳经济,为创造更高的生活标准、更高质量的生活条件提供了契机与路径,为提升节能环保技术水平的发展、推广应用与输入输出带来了机遇与挑战,新的商机与就业机会也随之增加。

## 2.2　城镇化的内涵

西班牙工程师塞德(1876)第一次在《城镇化基本理论》中提出了"城镇化"的概念,认为城镇化水平的高低体现了一个国家的经济发展水平。同样,经典发展经济学理论表明,经济发展就是城市化、工业化和城乡差距缩小的过程(Lewis,1954;Mas - Colell 和 Razin,1973;Lucas,2004)。

西方经济学关于城镇化演进动力机制的研究可分为：① 分工演进的城市化。古希腊经济学家色诺芬和哲学家柏拉图均从劳动分工角度研究了城市的演进。② 二元经济结构"推—拉"作用下的城市化。刘易斯(1954)创立的二元结构模型和托达罗(1969)提出的托达罗模型,均被用作分析工具。③ 集聚经济理论的城市化。马歇尔(1890)最早提出,城镇是由于"外部规模经济"吸引很多性质相似的小型企业集中在特定地方而获得;克鲁格曼(1991,1995,1998)将空间因素纳入"城市形成"的一般均衡分析框架中。

诺瑟姆(1979)将城镇化进程分为3个阶段:① 城镇化初期阶段:城市化水平较低,一般在30%以下,农业人口占绝对优势,工业生产力水平较低,工业行业提供的就业机会有限,农村剩余劳动力释放缓慢,需要经过几十年甚至上百年城市化水平才能够达到30%。② 城市化快速阶段:城市化水平达到30%~70%,城市工业基础雄厚,经济实力明显增强,农业劳动生产率大幅度提高,大批农业人口转为城市人口。③ 城市化稳定阶段:城市化水平超过70%,农业现代化基本完成,农村人口相对稳定,城镇人口的增加渐趋缓慢甚至停滞,最终城镇人口比重稳定在90%以上的饱和状态,后期城市化不再表现为农村人口向城市人口的转移,而是第二产业向第三产业转移。

城镇化发展的兴衰与转换是一个动态过程,在不同国家或区域,由于资源禀赋的差异,在不同的社会经济发展阶段,发展的路径与模式会有所不同。国内学者基于不同学科背景对城镇化的内涵进行了深入研究,有人认为城市化与城镇化代表着两种不同的城市化道路寓意:前者代表工业在城市扩张,农村人口向城市转移的城市化道路;后者代表优先发展小城镇的特色城镇化道路,城镇化是中国城市化道路的必然选择。不少学者对我国新型城镇化的科学内涵进行了界定。吴江等(2009)认为,新型城镇化主要是以科学发展观为统领,"以新型产业以及信息化为推动力",追求人口、经济、社会、资源、环境等协调发展的城乡一体化的城镇化发展道路;彭江碧(2010)认为,新型城镇化的科学内涵是以科学发展观为引领,发展集约化和生态化模式,增强多元的城镇功能,构建合理的城镇体系,最终实现城乡一体化发展;吴江、申丽娟(2012)对新型城镇化的基本内涵做了进一步的研究,认为新型城镇化的基本内涵丰富,具有综合性的特征,不能只从某一方面、角度、层次对其进行界定,应从共性和个性、一般性和特殊性两方面把握。具体来说,新型城镇化的共性是以科学发展观为指导,实现城镇的可持续发展,个性是新型城镇化的发展模式和实现路径具有差异性。

2014 年 3 月 16 日,新华社发布中共中央、国务院印发的《国家新型城镇化规划(2014—2020 年)》(以下简称《规划》)。印发通知指出,《规划》是今后一个时期指导全国城镇化健康发展的宏观性、战略性、基础性规划。城镇化是现代化的必由之路,是解决农业农村农民问题的重要途径,是推动区域协调发展的有力支撑,是扩大内需和促进产业升级的重要抓手。制定实施《规划》,努力走出一条以人为本、四化同步、优化布局、生态文明、文化传承的中国特色新型城镇化道路,对全面建成小康社会、加快推进社会主义现代化具有重大的现实意义和深远的历史意义。

## 2.3　城镇化的碳排放效应

归纳总结相关文献的思路与结论,概括城镇化碳排放效应的概念框架如图 2-1 所示。城镇化进程的推进,在生产、生活、政府行为及其他领域都会对碳排放产生影响,具体涉及家庭规模与结构、交通运输、人均收入与消费、民用住宅建设、产业结构、工业房屋建设、技术创新、政府购买与转移支付、政府政策与规制等具体方面。根据生态现代化理论,人均污染水平和城镇化率之间存在倒 U 形关系(Ehrhardt Martinez 等,2002;York 等,2003),究其原因,城镇化对所产生的这些影响的方向或力度可能各不相同,最终,总体呈现的是各种影响力碳排放效应的合并结果。

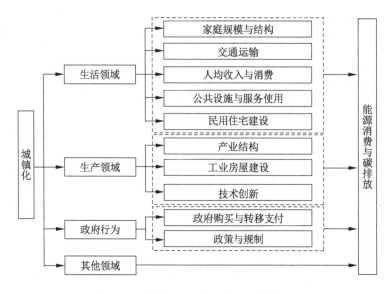

**图 2-1　城镇化碳排放效应的概念框架**

第一,随着城镇化率的提升,家庭规模日益缩小,影响到大规模家庭的规模经济效益的发挥(Baiocchi 等,2010;Jones 和 Kammen,2011;Tukker 等,2010),因为群居生活会使人们在取暖、制冷、烹饪等活动中节约用能;同时,由于农村人口向城镇迁移,带来人口分布及密度的改变,越来越多的人居住在高层建筑,利用公共交通出行,这些对于节能减排是有利的。

第二,城镇化带来了相关产业的发展及产业结构的调整,对节能减排目标的实现带来了机遇与挑战。例如,农村居民向城镇的迁移会推动工业化进程,一是因为农村劳动力的减少一定程度上促进了农业生产运营的工业化步伐;二是快速城镇化表现为城镇规模的扩大与数量激增,导致对于工业房屋建筑、住宅建筑、城镇基础设施、市政运输工程等更大量的需求,从而扩大对于建筑材料、冶金产品、机器设备等产品的需求量,拉动在房地产、金融、保险、物流等领域的投资上升。在此背景下,工业或建筑业增加值占 GDP 的比重可能会呈现明显的上升趋势,从而在诸多方面影响碳排放。

第三,在城镇化进程中,农村居民收入水平的提升已成必然,他们将迫切需要改善生活水平及生活条件,这会带来更多的能源消耗。一方面,劳动力、资本、信息、技术等生产要素进一步向城镇集聚,推动要素市场的完善与发展,尤其是城镇服务业的扩张,给城镇居民带来了更多的工作机会及工资水平;另一方面,城镇化会引起居民消费结构的升级、可支配收入的增长及恩格尔系数的下降,从而在不同领域对碳排放产生差异性的影响。

第四,政府会通过制定和实施环境治理与产业发展相关的政策措施,满足城镇化加速期的发展要求,制约生产及生活部门的高能耗行为,有效支持新能源技术和节能减排技术的创新、各类低碳技术的推广运用,从而有助于低碳经济发展目标的实现。

## 2.4　本章小结

本章主要介绍了低碳经济、城镇化、城镇化的碳排放效应等相关理论及概念。尽管马克思主义政治经济学对资源环境没有过多论述,但并不意味着其在资源环境领域的"完全缺位",马克思曾提出不少关于生态思想的论述,隐含很多低碳经济思想的萌芽。作为第一次工业革命的先驱,自然资源并不十分富裕的英国充分认识到能源安全与气候变化的威胁,并预计若不改变消费模式,则到 2020 年英国 80% 的能源都必须进口,控制气候变化的问题显得至关重要。在 2003 年英国能源白皮书中指出,"低碳经济"是在可持续发展理念的指导下以更少的自然资源消耗与环境污染为代价获取更多的经济产出。而城镇化是指随着一国或地区生产力发展、科技进步及经济结构调整,其社会将由以农业为主的传统乡村型社会向以工业和服务业等产业为主的现代城市型社会逐渐转变的历史趋势或过程。基于不同学科背景,学术界对城镇化的内涵进行了深入探究,城镇发展本身的兴衰与转换就是一个动态过程。归纳总结前人的研究成果,概括起来:城镇化发展在生产、生活、政府行为及其他领域都会对碳排放产生影响,具体涉及家庭规模与结构、交通运输、人均收入与消费、民用住宅建设、产业结构、工业房屋建设、技术创新、政府购买与转移支付、政府政策与规制等诸多方面,城镇化的碳排放效应总体呈现是各种影响力的合并结果。

# 第3章 中国城镇化进程与碳排放概况分析

## 3.1 城镇化演进概况

### 3.1.1 全国总体城镇化水平的变化趋势

根据 2019 年 8 月 15 日发布的中华人民共和国 70 周年经济社会发展成就系列报告之十七,中华人民共和国成立 70 年以来经历了世界历史上规模最大、速度最快的城镇化进程。如图 3-1 所示,2018 年末,我国常住人口城镇化率达到 59.58%,比 1949 年末提高 48.94 个百分点,年均提高 0.71 个百分点,比 1999 年提升 24.80 个百分点。十八大提出中国特色新型城镇化道路后,城镇建设开始进入以人为本、规模质量并重的历史新阶段。为积极推动这一进程,各级政府有关部门相继出台与之相配套的户籍、土地、财政、教育、就业、医保和住房等领域的改革政策,农业转移人口的市民化速度显著提高,大城市的管理更为精细,中小特色城镇的迅猛发展、城市功能的完善及城市群建设被持续推进,广大城镇在各个区域的分布日益均衡。此外,城镇化率水平的提升还体现在城市数量及规模的显著增长,1949 年末我国共有 132 个城市,其中,地级以上城市 65 个,县级市 67 个,建制镇 2000 个左右;至 2018 年,全国城市达 672 个,其中,地级以上城市 297 个,县级市 375 个,建制镇 21297 个。尽管中国城镇化率已增至近 60%,但仍属典型发展中经济体结构,而同一时期的美国、德国、法国、英国、意大利等欧美国家的城镇化率均已超过 70% , 有的甚至高于80% , 故差距依然存在, 发展仍刻不容缓。2019 年 6 月下旬, 中科院的《中国城市竞争力第 17 次报告》正式发布。该报告指出: 中国的城镇化率将持续增长, 而"人口政策放松"将促使城镇化有加快发展的趋势。预计到2035 年底, 中国城镇化率水平将超过 70% , 未来将形成以城市群为主体, 大中小城市、小城镇协调发展的城市格局, 以空间扩散为特征的城市形态会带动更大范围的区域实现发展目标。

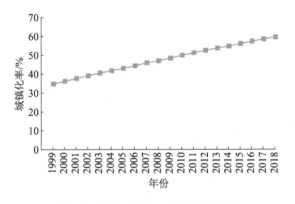

图 3-1　1999—2018 年我国城镇化率

### 3.1.2　区域城镇化水平的比较分析

根据《中共中央、国务院关于促进中部地区崛起的若干意见》《国务院发布关于西部大开发若干政策措施的实施意见》及党的十六大报告的精神, 为科学反映不同区域的社会经济发展状况, 国家统计局将我国内地的经济区域划分为东部、中部、西部和东北四大地区。其中, 东部地区包括北京、天津、河北、上海、江苏、浙江、福建、山东、广东和海南;中部地区包括山西、安徽、江西、河南、湖北和湖南;西部地区包括内蒙古、广西、重庆、四川、贵州、云南、陕西、甘肃、青海、宁夏、新疆和西藏;东北地区包括辽宁、吉林和黑龙江。下文均按照这一划分来进行区域间的比较分析(见表3-1 )。

表 3-1　　2005—2018 年各省级行政区域城镇化率　　　　%

| | 年份 | 2005 | 2006 | 2007 | 2008 | 2009 | 2010 | 2011 | 2012 | 2013 | 2014 | 2015 | 2016 | 2017 | 2018 |
|---|---|---|---|---|---|---|---|---|---|---|---|---|---|---|---|
| 东部地区 | 北京 | 83.6 | 84.3 | 84.5 | 84.9 | 85.0 | 86.0 | 86.2 | 86.2 | 86.3 | 86.4 | 86.5 | 86.5 | 86.5 | 86.5 |
| | 天津 | 75.1 | 75.7 | 76.3 | 77.2 | 78.0 | 79.6 | 80.5 | 81.6 | 82.0 | 82.3 | 82.6 | 82.9 | 82.9 | 83.2 |
| | 河北 | 37.7 | 38.8 | 40.3 | 41.9 | 43.7 | 44.5 | 45.6 | 46.8 | 48.1 | 49.3 | 51.3 | 53.3 | 55.0 | 56.4 |
| | 上海 | 89.1 | 88.7 | 88.7 | 88.6 | 88.6 | 89.3 | 89.3 | 89.3 | 89.6 | 89.6 | 87.6 | 87.9 | 87.7 | 88.1 |
| | 江苏 | 50.5 | 51.9 | 53.2 | 54.3 | 55.6 | 60.6 | 61.9 | 63.0 | 64.1 | 65.2 | 66.5 | 67.7 | 68.8 | 69.6 |
| | 浙江 | 56.0 | 56.5 | 57.2 | 57.6 | 57.9 | 61.6 | 62.3 | 63.2 | 64.0 | 64.9 | 65.8 | 67.0 | 68.0 | 68.9 |
| | 福建 | 49.4 | 50.4 | 51.4 | 53.0 | 55.1 | 57.1 | 58.1 | 59.6 | 60.8 | 61.8 | 62.6 | 63.6 | 64.8 | 65.8 |
| | 山东 | 45.0 | 46.1 | 46.8 | 47.6 | 48.3 | 49.7 | 51.0 | 52.4 | 53.8 | 55.0 | 57.0 | 59.0 | 60.6 | 61.2 |
| | 广东 | 60.7 | 63.0 | 63.1 | 63.4 | 63.4 | 66.2 | 66.5 | 67.4 | 67.8 | 68.0 | 68.7 | 69.2 | 69.9 | 70.7 |
| | 海南 | 45.2 | 46.1 | 47.2 | 48.0 | 49.1 | 49.8 | 50.5 | 51.6 | 52.7 | 53.8 | 55.1 | 56.8 | 58.0 | 59.1 |
| | 均值 | 59.2 | 60.2 | 60.9 | 61.7 | 62.5 | 64.4 | 65.2 | 66.1 | 66.9 | 67.6 | 68.4 | 69.4 | 70.2 | 71.0 |
| 中部地区 | 山西 | 42.1 | 43.0 | 44.0 | 45.1 | 46.0 | 48.1 | 49.7 | 51.3 | 52.6 | 53.8 | 55.0 | 56.2 | 57.3 | 58.4 |
| | 安徽 | 35.5 | 37.1 | 38.7 | 40.5 | 42.1 | 43.0 | 44.8 | 46.5 | 47.9 | 49.2 | 50.5 | 52.0 | 53.5 | 54.7 |
| | 江西 | 37.0 | 38.7 | 39.8 | 41.4 | 43.2 | 44.1 | 45.7 | 47.5 | 48.9 | 50.2 | 51.6 | 53.1 | 54.6 | 56.0 |
| | 河南 | 30.7 | 32.5 | 34.3 | 36.0 | 37.7 | 38.5 | 40.6 | 42.4 | 43.8 | 45.2 | 46.9 | 48.5 | 50.2 | 51.7 |
| | 湖北 | 43.2 | 43.8 | 44.3 | 45.2 | 46.0 | 49.7 | 51.8 | 53.5 | 54.5 | 55.7 | 56.9 | 58.1 | 59.3 | 60.3 |
| | 湖南 | 37.0 | 38.7 | 40.4 | 42.2 | 43.2 | 43.3 | 45.1 | 46.7 | 48.0 | 49.3 | 50.9 | 52.8 | 54.6 | 56.0 |
| | 均值 | 37.6 | 39.0 | 40.3 | 41.7 | 43.0 | 44.5 | 46.3 | 48.0 | 49.3 | 50.6 | 52.0 | 53.5 | 54.9 | 56.2 |
| 西部地区 | 内蒙古 | 47.2 | 48.6 | 50.2 | 51.7 | 53.4 | 55.5 | 56.6 | 57.7 | 58.7 | 59.5 | 60.3 | 61.2 | 62.0 | 62.7 |
| | 广西 | 33.6 | 34.6 | 36.2 | 38.2 | 39.2 | 40.0 | 41.8 | 43.5 | 44.8 | 46.0 | 47.1 | 48.1 | 49.2 | 50.2 |
| | 重庆 | 45.2 | 46.7 | 48.3 | 50.0 | 51.6 | 53.0 | 55.0 | 57.0 | 58.3 | 59.6 | 60.9 | 62.6 | 64.1 | 65.5 |
| | 四川 | 33.0 | 34.3 | 35.6 | 37.4 | 38.7 | 40.2 | 41.8 | 43.5 | 44.9 | 46.3 | 47.7 | 49.2 | 50.8 | 52.3 |
| | 贵州 | 26.9 | 27.5 | 28.2 | 29.1 | 29.9 | 33.8 | 35.0 | 36.4 | 37.8 | 40.0 | 42.0 | 44.2 | 46.0 | 47.5 |
| | 云南 | 29.5 | 30.5 | 31.6 | 33.0 | 34.0 | 34.7 | 36.8 | 39.3 | 40.5 | 41.7 | 43.3 | 45.0 | 46.7 | 47.8 |
| | 陕西 | 37.2 | 39.1 | 40.6 | 42.1 | 43.5 | 45.8 | 47.0 | 50.0 | 51.3 | 52.6 | 53.9 | 55.3 | 56.8 | 58.1 |
| | 甘肃 | 30.0 | 31.1 | 32.3 | 33.6 | 34.9 | 36.1 | 37.2 | 38.8 | 40.1 | 41.7 | 43.2 | 44.7 | 46.4 | 47.7 |
| | 青海 | 39.3 | 39.3 | 40.1 | 40.9 | 41.9 | 44.7 | 46.2 | 47.4 | 48.5 | 49.8 | 50.3 | 51.6 | 53.1 | 54.5 |
| | 宁夏 | 42.3 | 43.0 | 44.0 | 45.0 | 46.1 | 47.9 | 49.8 | 50.7 | 52.0 | 53.6 | 55.2 | 56.3 | 58.0 | 58.9 |
| | 新疆 | 37.2 | 37.9 | 39.2 | 39.6 | 39.9 | 43.0 | 43.5 | 44.0 | 44.5 | 46.1 | 47.2 | 48.4 | 49.4 | 50.9 |
| | 西藏 | 20.9 | 21.1 | 21.5 | 21.9 | 22.3 | 22.7 | 22.7 | 22.8 | 23.7 | 25.8 | 27.7 | 29.6 | 30.9 | 31.1 |
| | 均值 | 35.2 | 36.1 | 37.3 | 38.5 | 39.6 | 41.5 | 42.8 | 44.3 | 45.4 | 46.9 | 48.2 | 49.7 | 51.1 | 52.3 |
| 东北地区 | 辽宁 | 58.7 | 59.0 | 59.2 | 60.1 | 60.4 | 62.1 | 64.1 | 65.7 | 66.5 | 67.1 | 67.4 | 67.4 | 67.5 | 68.1 |
| | 吉林 | 52.5 | 53.0 | 53.2 | 53.2 | 53.3 | 53.4 | 53.4 | 53.7 | 54.2 | 54.8 | 55.3 | 56.0 | 56.7 | 57.5 |
| | 黑龙江 | 53.1 | 53.5 | 53.9 | 55.4 | 55.5 | 55.7 | 56.5 | 56.9 | 57.4 | 58.0 | 58.8 | 59.2 | 59.4 | 60.1 |
| | 均值 | 54.8 | 55.2 | 55.4 | 56.2 | 56.4 | 57.1 | 58.0 | 58.8 | 59.4 | 60.0 | 60.5 | 60.9 | 61.2 | 61.9 |

根据表 3-1 可知,2005—2018 年间,四大地区的城镇化率均值水平呈现较大的差异,由大到小依次排列如下:东部地区、东北地区、中部地区和西部地区,各经济区域及区域内各省市的城镇化率变化与全国整体情况

非常一致,呈现总体上升的趋势。但是,由于自然条件和要素禀赋不同,形成区域比较优势,产生城镇化发展水平地域性差异。从具体的省级行政区域来看,东部地区和东北地区各省的城镇化水平普遍高于其他各省,2018 年城镇化率排在前列的 13 个省市由大到小依次为:上海、北京、天津、广东、江苏、浙江、辽宁、福建、重庆、内蒙古、山东、湖北、黑龙江,全部超过全国平均水平,其中,有 8 个省(市)属于东部地区,中部的湖北省首次超过东北的黑龙江省在我国城镇化率较高的城市中排名第 12 位。其中,上海、北京、天津城镇化率始终位列前三,分别为 88.1%、86.5%、83.2%,均超过 80%,北京的城镇化率近几年已基本稳定在 86.5% 左右,而上海和天津仍呈现小幅上扬的态势。与之形成反差,新疆和广西只是略超过 50%,云南、甘肃、贵州和西藏城镇化率不足 50%,其中西藏最低,仅 31.1%。2005—2018 年间贵州和云南城镇化进程最快,城镇化水平的年均增长率分别为 4.5% 和 4.1%,而甘肃、四川、山西、安徽、江西、湖南、河北、广西和西藏的城镇化率年均增速依次紧随其后,都超过了 3% 的水平。

根据北京大学李国平教授的观点,改革开放 40 年以来,我国城镇化格局发生了从"北高南低"到"东高西低"的转变,省级行政区域间的差异在逐渐缩小。如表 3-1 所示,2008 年,辽宁、吉林和黑龙江的城镇化率依次为 60.1%、53.2% 和 55.4%,均远高于我国平均水平 45.7%。而当时属于东部地区的浙江的城镇化率达到 57.6% 的水平,小于辽宁;江苏的城镇化率为 54.3%,也低了黑龙江 1.1 个百分点;河北的城镇化率为 41.9%,与东北三省的差距显著。在除北京、上海、天津外的其余东部发达省份之中,当年仅有广东的城镇化率达到 63.4%,超过东北各省。然而,截至 2018 年底,浙江和江苏的城镇化率接近 70%,均已反超辽宁,福建的城镇化率也有 65.8%,比吉林和黑龙江要高。2008—2018 年间,辽宁、吉林与黑龙江的城镇化率增幅均大幅低于全国增幅,2018 年吉林的城镇化率甚至没能达到全国平均水平。

### 3.1.3　城镇化背景下产业结构调整情况

1978 年以来,我国三次产业结构完成巨大调整。从三次产业增加值

结构来看,1985 年之后基本进入工业化时期,最显著的标志性变化如下:
第三产业比重超过第一产业,经济总量增长从主要由第一、二产业带动转
为主要由第二、三产业共同拉动。如图 3-2 所示,在 2005 年,第一、第二和
第三产业增加值所占比重分别为 11.6%、47.0% 和 41.3%,自 2012 年起,
第三产业增加值占 GDP 的比重开始超过第二产业,并持续快速增长,成为
占据绝对优势的主导产业。依据克拉克法则,主导产业依次向第一、第
二、第三产业转移,说明产业结构的高级化进程正在继续。

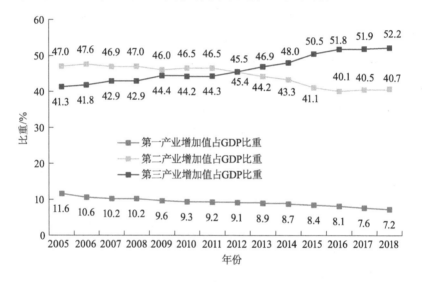

图 3-2　2005—2018 年我国三次产业结构变化

如表 3-2 所示,我国农林牧渔业比重逐年下降,由 2005 年 12% 的水
平,到 2017 年已经跌破 8%。工业比重在 20 世纪 90 年代初期呈上升态
势,之后的变化相对平稳,一段时间内维持在 40% 的水平略有波动,进入
2010 年之后,其呈现出显著下降的趋势。2005—2007 年间建筑业及交通
运输仓储邮政业所占比例相对接近,且变化幅度较小,均位于 5.4% ~
5.7% 之间;此后,前者的发展势头更为迅猛,后者的发展规模相对稳定,
维持在 4.4% 左右的水平,近些年以来,其间的差距在不断加大,2017 年
建筑业增加值占 GDP 的比重达 6.7%,已超过交通运输仓储邮政业 2.2 个
百分点,说明建筑业作为国民经济支柱产业的贡献巨大,但交通运输仓储

邮政业也在稳定地发挥其基础性作用。此外，2005—2017 年间，金融业、房地产业、批发零售业等第三产业生产规模都不断上升，增加值规模比重逐年攀升。与此不同，住宿餐饮业的增加值所占份额呈现先减少后稳定的变化趋势，目前基本维持 1.8% 的水平。

表 3-2　我国各类行业增加值占 GDP 比重变动概况　　　　　%

| 年份 | 2005 | 2006 | 2007 | 2008 | 2009 | 2010 | 2011 | 2012 | 2013 | 2014 | 2015 | 2016 | 2017 |
|---|---|---|---|---|---|---|---|---|---|---|---|---|---|
| 农林牧渔业 | 12.0 | 11.0 | 10.5 | 10.5 | 9.9 | 9.6 | 9.5 | 9.4 | 9.2 | 9.0 | 8.7 | 8.4 | 7.9 |
| 工业 | 41.6 | 42.0 | 41.4 | 41.3 | 39.6 | 40.1 | 40.0 | 38.8 | 37.5 | 36.5 | 34.5 | 33.5 | 33.9 |
| 建筑业 | 5.6 | 5.7 | 5.7 | 5.9 | 6.5 | 6.6 | 6.7 | 6.9 | 6.9 | 7.0 | 6.8 | 6.7 | 6.7 |
| 批发零售业 | 7.5 | 7.5 | 7.8 | 8.2 | 8.3 | 8.7 | 9.0 | 9.3 | 9.5 | 9.7 | 9.6 | 9.6 | 9.5 |
| 交通运输仓储邮政业 | 5.7 | 5.6 | 5.4 | 5.1 | 4.7 | 4.6 | 4.5 | 4.4 | 4.4 | 4.4 | 4.4 | 4.5 | 4.5 |
| 住宿餐饮业 | 2.2 | 2.2 | 2.1 | 2.1 | 2.0 | 1.9 | 1.8 | 1.8 | 1.7 | 1.7 | 1.8 | 1.8 | 1.8 |
| 金融业 | 4.0 | 4.5 | 5.6 | 5.7 | 6.3 | 6.2 | 6.3 | 6.5 | 6.9 | 7.3 | 8.4 | 8.3 | 8.0 |
| 房地产业 | 4.5 | 4.7 | 5.1 | 4.6 | 5.4 | 5.7 | 5.8 | 5.8 | 6.1 | 5.9 | 6.1 | 6.5 | 6.6 |
| 其他行业 | 16.9 | 16.8 | 16.5 | 16.6 | 17.2 | 16.6 | 16.6 | 17.2 | 17.8 | 18.5 | 19.6 | 20.7 | 21.1 |

综上所述，我国三次产业结构已经实现了"二、一、三"到"二、三、一"的历史性转变，目前已经迈进"三、二、一"产业结构时期。不可否认，产业结构的调整能够一定程度上反映经济发展阶段与发展能力，经济发展的实质是经济结构的转化和升级。这种趋势将对中国经济增长、就业、能源消耗、城镇化进程等诸多方面带来深远而持久的影响。第三产业与消费的关系最为密切，在拉动经济增长的三驾马车中，消费的拉动力是最为可靠、最具持久力的，将为我国经济增长带来新潜力，开拓新空间。

不同省域或市域之间，第三产业占比差异性较大。一般而言，区域辐射力越大，第三产业的比重和产值就越大，故第三产业产值和比重是衡量区域经济结构优化程度和自身竞争力强弱的重要指标（见表 3-3）。

表3-3　各省域三次产业结构变动概况

%

| 年份 | | 2000 | | | 2005 | | | 2010 | | | 2015 | | | 2018 | | |
|---|---|---|---|---|---|---|---|---|---|---|---|---|---|---|---|---|
| 产业比重 | | 第一产业 | 第二产业 | 第三产业 | 第一产业 | 第二产业 | 第三产业 | 第一产业 | 第二产业 | 第三产业 | 第一产业 | 第二产业 | 第三产业 | 第一产业 | 第二产业 | 第三产业 |
| 东部地区 | 北京 | 3.6 | 38.1 | 58.3 | 1.4 | 29.5 | 69.1 | 0.9 | 24.0 | 75.1 | 0.6 | 19.7 | 79.7 | 0.4 | 18.6 | 81.0 |
| | 天津 | 4.5 | 50.0 | 45.5 | 3.0 | 55.5 | 41.5 | 1.6 | 52.5 | 46.0 | 1.3 | 46.6 | 52.2 | 0.9 | 40.5 | 58.6 |
| | 河北 | 16.2 | 50.3 | 33.5 | 14.9 | 51.8 | 33.3 | 12.6 | 52.5 | 34.9 | 11.5 | 48.3 | 40.2 | 9.3 | 44.5 | 46.2 |
| | 上海 | 1.8 | 47.5 | 50.6 | 0.9 | 48.6 | 50.5 | 0.7 | 42.1 | 57.3 | 0.4 | 31.8 | 67.8 | 0.3 | 29.8 | 69.9 |
| | 江苏 | 12.0 | 51.7 | 36.3 | 8.0 | 56.6 | 35.4 | 6.1 | 52.5 | 41.4 | 5.7 | 45.7 | 48.6 | 4.5 | 44.5 | 51.0 |
| | 浙江 | 11.0 | 52.7 | 36.3 | 6.6 | 53.4 | 40.0 | 4.9 | 51.6 | 43.5 | 4.3 | 46.0 | 49.8 | 3.5 | 41.8 | 54.7 |
| | 福建 | 16.3 | 43.7 | 40.0 | 12.8 | 48.7 | 38.5 | 9.3 | 51.0 | 39.7 | 8.2 | 50.3 | 41.6 | 6.7 | 48.1 | 45.2 |
| | 山东 | 14.9 | 49.7 | 35.5 | 10.6 | 57.4 | 32.0 | 9.2 | 54.2 | 36.6 | 7.9 | 46.8 | 45.3 | 6.5 | 44.0 | 49.5 |
| | 广东 | 10.4 | 50.4 | 39.3 | 6.4 | 50.7 | 42.9 | 5.0 | 50.0 | 45.0 | 4.6 | 44.8 | 50.6 | 4.0 | 41.8 | 54.2 |
| | 海南 | 37.9 | 19.8 | 42.3 | 33.6 | 24.6 | 41.8 | 26.1 | 27.7 | 46.2 | 23.1 | 23.7 | 53.3 | 20.7 | 22.7 | 56.6 |
| 中部地区 | 山西 | 10.9 | 50.3 | 38.7 | 6.3 | 56.3 | 37.4 | 6.0 | 56.9 | 37.1 | 6.1 | 40.7 | 53.2 | 4.4 | 42.2 | 53.4 |
| | 安徽 | 24.1 | 42.7 | 33.2 | 18.0 | 41.3 | 40.7 | 14.0 | 52.1 | 33.9 | 11.2 | 49.7 | 39.1 | 8.8 | 46.1 | 45.1 |
| | 江西 | 24.2 | 35.0 | 40.8 | 17.9 | 47.3 | 34.8 | 12.8 | 54.2 | 33.0 | 10.6 | 50.3 | 39.1 | 8.6 | 46.6 | 44.8 |
| | 河南 | 22.6 | 47.0 | 30.4 | 17.9 | 52.1 | 30.0 | 14.1 | 57.3 | 28.6 | 11.4 | 48.4 | 40.2 | 8.9 | 45.9 | 45.2 |
| | 湖北 | 15.5 | 49.7 | 34.9 | 16.6 | 43.1 | 40.3 | 13.4 | 48.6 | 37.9 | 11.2 | 45.7 | 43.1 | 9.0 | 43.4 | 47.6 |
| | 湖南 | 21.3 | 39.6 | 39.1 | 19.6 | 39.9 | 40.5 | 14.5 | 45.8 | 39.7 | 11.5 | 44.3 | 44.1 | 8.5 | 39.7 | 51.8 |

续表

| 年份<br>产业比重 | | 2000 | | | 2005 | | | 2010 | | | 2015 | | | 2018 | | |
|---|---|---|---|---|---|---|---|---|---|---|---|---|---|---|---|---|
| | | 第一产业 | 第二产业 | 第三产业 | 第一产业 | 第二产业 | 第三产业 | 第一产业 | 第二产业 | 第三产业 | 第一产业 | 第二产业 | 第三产业 | 第一产业 | 第二产业 | 第三产业 |
| 西部地区 | 内蒙古 | 25.0 | 39.7 | 35.3 | 15.1 | 45.5 | 39.4 | 9.4 | 54.6 | 36.1 | 9.1 | 50.5 | 40.5 | 10.1 | 39.4 | 50.5 |
| | 广西 | 26.3 | 36.5 | 37.2 | 22.4 | 37.1 | 40.5 | 17.5 | 47.1 | 35.4 | 15.3 | 45.9 | 38.8 | 14.8 | 39.7 | 45.5 |
| | 重庆 | 17.8 | 41.4 | 40.8 | 15.1 | 41.0 | 43.9 | 8.6 | 55.0 | 36.4 | 7.3 | 45.0 | 47.7 | 6.8 | 40.9 | 52.3 |
| | 四川 | 23.6 | 42.4 | 34.0 | 20.1 | 41.5 | 38.4 | 14.4 | 50.5 | 35.1 | 12.2 | 44.1 | 43.7 | 10.9 | 37.7 | 51.4 |
| | 贵州 | 27.3 | 39.0 | 33.7 | 18.6 | 41.8 | 39.6 | 13.6 | 39.1 | 47.3 | 15.6 | 39.5 | 44.9 | 14.6 | 38.9 | 46.5 |
| | 云南 | 22.3 | 43.1 | 34.6 | 19.3 | 41.2 | 39.5 | 15.3 | 44.6 | 40.0 | 15.1 | 39.8 | 45.1 | 14.0 | 38.9 | 47.1 |
| | 陕西 | 16.8 | 44.1 | 39.1 | 11.9 | 50.3 | 37.8 | 9.8 | 53.8 | 36.4 | 8.9 | 50.4 | 40.7 | 7.5 | 49.8 | 42.7 |
| | 甘肃 | 19.7 | 44.7 | 35.6 | 15.9 | 43.4 | 40.7 | 14.5 | 48.2 | 37.3 | 14.1 | 36.7 | 49.2 | 11.2 | 33.9 | 54.9 |
| | 青海 | 14.6 | 43.2 | 42.1 | 12.0 | 48.7 | 39.3 | 10.0 | 55.1 | 34.9 | 8.6 | 49.9 | 41.4 | 9.4 | 43.5 | 47.1 |
| | 宁夏 | 17.3 | 45.2 | 37.5 | 11.9 | 46.4 | 41.7 | 9.4 | 49.0 | 41.6 | 8.2 | 47.4 | 44.5 | 7.6 | 44.5 | 47.9 |
| | 新疆 | 21.1 | 43.0 | 35.9 | 19.6 | 44.7 | 35.7 | 19.8 | 47.7 | 32.5 | 16.7 | 38.6 | 44.7 | 13.9 | 40.3 | 45.8 |
| | 西藏 | 30.9 | 23.2 | 45.9 | 19.1 | 25.3 | 55.6 | 13.5 | 32.3 | 54.2 | 9.6 | 36.7 | 53.8 | 8.8 | 42.5 | 48.7 |
| 东北地区 | 辽宁 | 10.8 | 50.2 | 39.0 | 11.0 | 49.4 | 39.6 | 8.8 | 54.1 | 37.1 | 8.3 | 45.5 | 46.2 | 8.0 | 39.6 | 52.4 |
| | 吉林 | 21.9 | 43.9 | 34.2 | 17.3 | 43.6 | 39.1 | 12.1 | 52.0 | 35.9 | 11.4 | 49.8 | 38.8 | 7.7 | 42.5 | 49.8 |
| | 黑龙江 | 11.0 | 57.4 | 31.6 | 12.4 | 53.9 | 33.7 | 12.6 | 50.2 | 37.2 | 17.5 | 31.8 | 50.7 | 18.3 | 24.6 | 57.1 |

由表 3-3 可知,在 2018 年,各省域第三产业的比例都呈现显著上升的变化趋势,东部各省的整体水平要高于其他各省,位列全国前三位的依次为北京、上海和天津,比重分别为 81.0%、69.9% 和 58.6%;东北三省的第三产业比重均接近或超过 50%,黑龙江甚至接近 60%;而西部 12 个省(市)中有 8 个省(市)的第三产业比例没有超过 50%,但超过了 40%;相对而言,中部各省的第三产业比例差异较小,均在 44% ~54% 之间波动。

表 3-4 为各省域五类行业增加值占 GDP 比重变动概况。根据表 3-4 可知,在东部地区,北京、天津、上海、江苏、浙江、山东的工业比重分别由 2005 年的 24.5%、50.1%、43.7%、50.8%、47.3% 和 51.3% 降至 2017 年的 15.3%、37.0%、27.4%、39.6%、37.6% 和 39.5%,降幅均接近或超过 10 个百分点;河北、福建、广东和海南的工业比重最初是不断增加的,近些年开始小幅下降。自 2005 年以来,在东北地区,辽宁和吉林的工业比重经历了先上升后下降的过程,黑龙江一直呈现较大幅度的下降趋势,下降了近 28 个百分点。中西部多数省域的工业规模在经历过迅猛的扩张势头之后,已经呈现显著下降趋势。西部各地的建筑业比重总体高于东部各省或市,除东部大部分省份的建筑业比重呈稳定下降趋势之外,在这期间其他各区域省份建筑业的比重绝大多数经历了上升的过程,不同之处在于,有的已经开始回落,有的还在继续攀升中,其中,西藏的建筑业比重在全国遥遥领先,这几年已经大于 30%,是工业比重的 4 倍多,显然,落后的工业将严重制约该区域产业结构升级。若从份额变化来看,各地交通运输仓储邮政业发展没有形成相对稳定的区域性规律特征,这主要是受到地理条件、经济发展水平、供求变化、资源约束等诸多因素的影响。2005—2017 年间东部省域批发零售住宿餐饮及其他行业比重的累计增幅和整体水平都高于其他省域,除河北、福建以外,东部各省的该行业比重都在 40% 以上,其中,北京和上海的比重在全国最高,2017 年时甚至达到 75.9% 和 64.7%,而浙江、广东和海南的比重均接近 50%;另外,东北三省的同行业比重也已增至 40% 以上,辽宁和黑龙江的接近 50%;对于中西部地区的绝大部分省域而言,该行业的比重是稳步上升的,但升幅与速度不尽相同;而西藏的批发零售住宿餐饮及其他行业相对规模的扩张已接近饱和,2017 年较 2005 年下降了近 3 个百分点。

表 3-4　各省域五类行业增加值占 GDP 比重变动概况

%

| 年份 | 2005 | | | | | 2010 | | | | | 2017 | | | | |
|---|---|---|---|---|---|---|---|---|---|---|---|---|---|---|---|
| 行业比重 | 农林牧渔业 | 工业 | 建筑业 | 交通运输仓储邮政业 | 批发零售住宿餐饮及其他行业 | 农林牧渔业 | 工业 | 建筑业 | 交通运输仓储邮政业 | 批发零售住宿餐饮及其他行业 | 农林牧渔业 | 工业 | 建筑业 | 交通运输仓储邮政业 | 批发零售住宿餐饮及其他行业 |
| 北京 | 1.3 | 24.5 | 4.6 | 5.8 | 63.9 | 0.9 | 19.6 | 4.4 | 5.0 | 70.1 | 0.4 | 15.3 | 4.1 | 4.3 | 75.9 |
| 天津 | 2.9 | 50.1 | 4.5 | 7.1 | 35.4 | 1.6 | 47.8 | 4.7 | 6.3 | 39.6 | 0.9 | 37.0 | 4.0 | 4.2 | 53.8 |
| 河北 | 14.0 | 47.0 | 5.7 | 7.9 | 25.5 | 12.6 | 46.8 | 5.7 | 8.6 | 26.4 | 9.7 | 40.4 | 6.2 | 7.3 | 36.3 |
| 上海 | 1.0 | 43.7 | 3.7 | 6.2 | 45.5 | 0.7 | 38.1 | 4.0 | 4.9 | 52.4 | 0.4 | 27.4 | 3.2 | 4.4 | 64.7 |
| 江苏 | 7.9 | 50.8 | 5.8 | 4.3 | 31.3 | 6.1 | 46.5 | 6.0 | 4.3 | 37.1 | 5.0 | 39.6 | 5.4 | 3.6 | 46.3 |
| 浙江 | 6.7 | 47.3 | 6.1 | 3.8 | 36.1 | 4.9 | 45.7 | 5.9 | 3.9 | 39.6 | 3.8 | 37.6 | 5.5 | 3.7 | 49.3 |
| 福建 | 12.6 | 42.7 | 5.7 | 6.8 | 32.1 | 9.3 | 43.4 | 7.6 | 5.9 | 33.8 | 7.1 | 39.4 | 8.4 | 5.9 | 39.2 |
| 山东 | 10.7 | 51.3 | 5.8 | 5.3 | 27.0 | 9.2 | 48.2 | 6.1 | 5.0 | 31.6 | 7.0 | 39.5 | 5.9 | 4.5 | 43.0 |
| 广东 | 6.3 | 46.5 | 3.8 | 4.6 | 38.7 | 5.0 | 46.6 | 3.4 | 4.0 | 41.0 | 4.1 | 39.3 | 3.1 | 4.0 | 49.4 |
| 海南（东部地区） | 32.7 | 19.3 | 7.0 | 6.7 | 34.3 | 26.1 | 18.7 | 9.0 | 4.9 | 41.3 | 22.3 | 11.8 | 10.5 | 5.6 | 49.8 |
| 山西 | 6.2 | 50.1 | 5.7 | 8.9 | 29.2 | 6.0 | 50.6 | 6.3 | 7.1 | 30.0 | 4.9 | 37.2 | 6.6 | 6.8 | 44.6 |
| 安徽 | 18.1 | 34.3 | 7.6 | 6.3 | 33.7 | 14.0 | 43.8 | 8.3 | 4.3 | 29.7 | 10.0 | 40.4 | 7.2 | 3.2 | 39.1 |
| 江西 | 17.9 | 35.9 | 11.4 | 7.4 | 27.4 | 12.8 | 45.4 | 8.8 | 4.7 | 28.3 | 9.5 | 38.9 | 9.2 | 4.3 | 38.1 |
| 河南 | 17.9 | 46.2 | 5.8 | 5.9 | 24.1 | 14.1 | 51.8 | 5.5 | 3.8 | 24.8 | 9.7 | 41.4 | 6.0 | 4.9 | 38.0 |
| 湖北 | 16.4 | 37.6 | 5.7 | 5.6 | 34.7 | 13.4 | 42.1 | 6.5 | 4.7 | 33.2 | 10.4 | 36.8 | 6.9 | 4.0 | 41.9 |
| 湖南（中部地区） | 16.7 | 33.3 | 6.3 | 5.9 | 37.8 | 14.5 | 39.3 | 6.5 | 5.2 | 34.5 | 9.3 | 35.0 | 6.7 | 4.4 | 44.5 |

续表

| 年份 行业比重 | | 2005 | | | | | 2010 | | | | | 2017 | | | | |
|---|---|---|---|---|---|---|---|---|---|---|---|---|---|---|---|---|
| | | 农林牧渔业 | 工业 | 建筑业 | 交通运输仓储邮政业 | 批发零售住宿餐饮及其他行业 | 农林牧渔业 | 工业 | 建筑业 | 交通运输仓储邮政业 | 批发零售住宿餐饮及其他行业 | 农林牧渔业 | 工业 | 建筑业 | 交通运输仓储邮政业 | 批发零售住宿餐饮及其他行业 |
| 西部地区 | 内蒙古 | 15.1 | 37.8 | 7.6 | 9.3 | 30.2 | 9.4 | 48.1 | 6.4 | 7.5 | 28.6 | 10.4 | 31.7 | 8.0 | 6.5 | 43.3 |
| | 广西 | 22.9 | 31.7 | 6.2 | 5.4 | 33.8 | 17.5 | 40.3 | 6.8 | 5.0 | 30.3 | 16.0 | 31.4 | 8.8 | 5.2 | 38.6 |
| | 重庆 | 13.4 | 37.3 | 7.8 | 6.3 | 35.2 | 8.6 | 46.7 | 8.3 | 4.9 | 31.4 | 6.7 | 33.9 | 10.3 | 4.8 | 44.3 |
| | 四川 | 20.1 | 34.2 | 7.3 | 5.1 | 33.3 | 14.4 | 43.2 | 7.2 | 3.3 | 31.8 | 11.8 | 31.3 | 7.7 | 4.3 | 44.9 |
| | 贵州 | 18.4 | 35.3 | 5.7 | 6.9 | 33.7 | 13.6 | 33.0 | 6.2 | 10.4 | 36.9 | 15.8 | 31.5 | 8.6 | 7.9 | 36.2 |
| | 云南 | 19.1 | 33.8 | 7.4 | 3.8 | 35.9 | 15.3 | 36.0 | 8.6 | 2.7 | 37.4 | 14.6 | 25.0 | 13.0 | 2.2 | 45.2 |
| | 陕西 | 11.1 | 42.0 | 7.6 | 6.3 | 33.1 | 9.8 | 45.0 | 8.8 | 4.7 | 31.8 | 8.4 | 39.7 | 10.1 | 3.8 | 38.0 |
| | 甘肃 | 15.9 | 35.5 | 7.9 | 7.5 | 33.2 | 14.5 | 38.9 | 9.3 | 5.5 | 31.8 | 12.0 | 23.6 | 10.9 | 3.9 | 49.5 |
| | 青海 | 12.0 | 37.5 | 11.2 | 5.9 | 33.4 | 10.0 | 45.4 | 9.7 | 4.5 | 30.3 | 9.2 | 29.6 | 14.7 | 4.0 | 42.5 |
| | 宁夏 | 11.8 | 37.3 | 8.6 | 7.8 | 34.6 | 9.4 | 38.1 | 10.9 | 8.6 | 33.0 | 7.7 | 31.8 | 14.1 | 5.8 | 40.6 |
| | 新疆 | 19.6 | 36.9 | 7.8 | 5.7 | 29.9 | 19.8 | 39.7 | 7.9 | 4.1 | 28.4 | 15.1 | 29.9 | 10.7 | 6.1 | 38.2 |
| | 西藏 | 19.3 | 7.0 | 18.5 | 3.6 | 51.5 | 13.5 | 7.8 | 24.5 | 4.4 | 49.8 | 9.6 | 7.8 | 31.4 | 2.6 | 48.6 |
| 东北地区 | 辽宁 | 11.0 | 42.3 | 5.8 | 6.1 | 34.8 | 8.8 | 47.6 | 6.4 | 5.0 | 32.1 | 8.5 | 31.2 | 8.5 | 5.6 | 46.1 |
| | 吉林 | 17.3 | 37.7 | 6.0 | 5.7 | 33.3 | 12.1 | 45.3 | 6.7 | 4.3 | 31.6 | 7.6 | 40.5 | 6.5 | 4.0 | 41.4 |
| | 黑龙江 | 12.4 | 48.9 | 5.0 | 6.0 | 27.7 | 12.6 | 42.7 | 5.7 | 4.7 | 34.3 | 19.1 | 21.0 | 5.4 | 5.0 | 49.5 |

## 3.2　碳排放的估算与比较分析

### 3.2.1　碳排放量估算方法

$CO_2$ 为温室气体的主要成分,其中约 90% 以上的人为 $CO_2$ 排放是化石能源消费活动产生的,属于本书的研究范畴。IPCC(2006)中介绍了估算固定源和移动源中化石燃料燃烧排放 $CO_2$ 的三种方法,其中,"方法 1"是根据燃烧的燃料数量及缺省排放因子来估算 $CO_2$ 排放,尽管计算准确性相对欠缺,但方式简单易行,对数据、技术要求都不高,因此本书采用该方法,具体公式如下:

$$I_{it} = \sum_{r=1}^{m} E_{itr} \cdot \delta_r \cdot \frac{44}{12}, \; I_t = \sum_{i=1}^{n} I_{it}$$

式中,$I_{it}$ 为第 $i$ 个省份第 $t$ 年石化能耗的碳排放量,$E_{itr}$ 表示第 $i$ 个省份第 $t$ 年第 $r$ 类石化能源的消耗总量,$\delta_r$ 为第 $r$ 类能源的碳排放系数。这里包括 8 类能源(即 $m = 8$),分别指原煤、焦炭、原油、汽油、煤油、柴油、燃料油、天然气。根据燃料净发热值和碳排放系数,处理后得到碳排放系数(见表3-5),电力消费不直接产生 $CO_2$,故不在此列。44 和 12 分别为二氧化碳分子量和碳原子量,式中用碳排放量乘以 44/12 就得到二氧化碳排放量。需要说明的是,根据 2011 年修订的《中华人民共和国资源税暂行条例实施细则》的有关规定,煤炭是指原煤,不包括洗煤、选煤及其他煤炭制品,因此,忽略概念上细微的差别,原煤的碳排放系数与煤炭的碳排放系数是相同的。

表 3-5　各类能源的缺省碳含量、平均低位发热量和碳排放系数

| 燃料名称 | 缺省碳含量/<br>($tc \cdot TJ^{-1}$) | 平均低位发热量/<br>($kJ \cdot kg^{-1}, kJ \cdot m^{-3}$) | 碳排放系数/<br>($kgc \cdot kg^{-1}, kgc \cdot m^{-3}$) |
|---|---|---|---|
| 原煤 | 25.8 | 20908 | 0.53943 |
| 焦炭 | 29.2 | 28435 | 0.83030 |
| 原油 | 20.0 | 41816 | 0.83632 |
| 汽油 | 18.9 | 43070 | 0.81402 |
| 煤油 | 19.5 | 43070 | 0.83987 |

| 燃料名称 | 缺省碳含量/<br>($tc \cdot TJ^{-1}$) | 平均低位发热量/<br>($kJ \cdot kg^{-1}$,$kJ \cdot m^{-3}$) | 碳排放系数/<br>($kgc \cdot kg^{-1}$,$kgc \cdot m^{-3}$) |
|---|---|---|---|
| 柴油 | 20.2 | 42652 | 0.86157 |
| 燃料油 | 21.1 | 41816 | 0.88232 |
| 天然气 | 15.3 | 38931 | 0.59564 |
| 其他石油制品 | 20.0 | 41816 | 0.83632 |

注:① 资料来源于《2006 IPCC Guidelines for National Greenhouse Gas Inventories》与《中国能源统计年鉴》;

② 除天然气的平均低位发热量单位为 $kJ/m^3$,其余单位均为 $kJ/kg$;

③ 缺省碳含量单位为 $tc/TJ$,其中 $1 TJ = 10^9 kJ$,$1 tc = 10^3 kgc$;

④ 碳排放系数的计算公式为:碳排放系数 = 缺省碳含量 × 平均低位发热量 $\times 10^{-6}$。

从行业耗能的角度出发,只考虑生产部门能耗碳排放量,还可以用下列公式表示:

$$C_{jt} = \sum_{r=1}^{m} e_{jtr} \cdot \delta_r \cdot \frac{44}{12}, \quad C_t = \sum_{j=1}^{l} C_j$$

式中,$C_{jt}$ 为第 $j$ 类行业第 $t$ 年石化能耗的碳排放量,$e_{jtr}$ 为第 $j$ 类行业第 $t$ 年第 $r$ 类石化能源的消费总量。若不考虑生活部门的排放,将生产部门划分为 5 类行业(即 $l = 5$),依次为:农林牧渔业、工业、建筑业、交通运输仓储邮政业、批发零售住宿餐饮及其他行业。

### 3.2.2 全国总体碳排放情况

21 世纪以来,我国化石能源消耗总量以年均 7.6% 的速度快速增长,资源约束趋紧、生态环境恶化局面难以得到根本扭转(《"十三五"规划》)。如图 3-3 所示,1996—2016 年间我国总能耗碳排放量由 40.6 亿吨猛增至 127.1 亿吨,年均增速达 5.8%,而环比增速呈现先上升后下降的趋势。2003 年和 2004 年,碳排放环比增速分别达到 16.8% 和 17.6%,之后不断下降,近些年稳定在 1% 左右的水平上,甚至出现增速为负的情况。据生态环境部提供的相关数据显示,2018 年,我国碳排放强度比 2005 年下降了 45% 以上,非化石能源所占比重达 14.3%,碳排放强度较 2005 年下降 45.8%,基本控制了温室气体排放快速增长的局面。在确保落实"十三五"碳强度约束性目标的基础上,有关部门将谋划"十四五"应对气候变化重点工作和中长期目标任务。

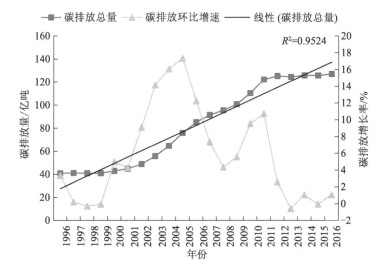

图 3-3　1996—2016 年我国的碳排放量及其增长率

（数据来源：根据相关年份的中国能源统计年鉴的数据计算而得）

### 3.2.3　区域碳排放比较分析

如表 3-6 所示，我国能源消费总量仍处于上升状态，煤炭和石油消费量的增速明显放缓，而天然气、水电、核电和风电的消耗量呈现快速上升的态势，为能源结构转型创造了有利条件。2000 年中国能源消费总量中，煤炭占 68.5%，石油占 22.0%，天然气占 2.2%，水电、核能、风能等占 7.3%。2016 年我国煤炭消费量占比是 62.03%，比世界平均水平高了 34 个百分点，而石油、天然气及非化石能源占比均低于世界平均水平。2017 年，中国占全球能源消费量的 23.2% 和全球能源消费增长的 33.6%，已连续 17 年居全球能源增长榜首。到 2018 年，煤炭占 59.0%，石油占 18.9%，天然气占 7.8%，水电、核电、风电等占 14.3%。可见，鉴于我国资源禀赋情况，煤炭仍将在较长时期内占居第一大一次能源来源的地位，但随着供给侧改革煤价大大提升，在去产能和促环保的叠加影响下，其消费比重逐年下降，或在 2025 年降至 50% 以下。此外，我国石油和天然气的对外依存度分别为 65% 和 46%，考虑到能源安全问题，加速能源消费结构转型升级是必经之路。

表 3-6 2000—2018 年我国各类能源消费量及所占比重

| 年份 | 2000 | 2005 | 2010 | 2011 | 2012 | 2013 | 2014 | 2015 | 2016 | 2017 | 2018 |
|---|---|---|---|---|---|---|---|---|---|---|---|
| 煤炭 | 100670 | 189231 | 249568 | 271704 | 275465 | 280999 | 279329 | 273849 | 270320 | 270912 | 273760 |
|  | 68.50% | 72.40% | 69.20% | 70.20% | 68.50% | 67.40% | 65.60% | 63.70% | 62.03% | 60.40% | 59.00% |
| 石油 | 32332 | 46524 | 62753 | 65023 | 68363 | 71292 | 74090 | 78673 | 79788 | 84323 | 87696 |
|  | 22.00% | 17.80% | 17.40% | 16.80% | 17.00% | 17.10% | 17.40% | 18.30% | 18.31% | 18.80% | 18.90% |
| 天然气 | 3233 | 6273 | 14426 | 17804 | 19303 | 22096 | 24271 | 25364 | 27904 | 31397 | 36192 |
|  | 2.20% | 2.40% | 4.00% | 4.60% | 4.80% | 5.30% | 5.70% | 5.90% | 6.40% | 7.00% | 7.80% |
| 水电、核电、风电 | 10728 | 19341 | 33901 | 32512 | 39007 | 42525 | 48116 | 52019 | 57988 | 61897 | 66352 |
|  | 7.30% | 7.40% | 9.40% | 8.40% | 9.70% | 10.20% | 11.30% | 12.10% | 13.31% | 13.80% | 14.30% |
| 总计 | 146964 | 261369 | 360648 | 387043 | 402138 | 416913 | 425806 | 429905 | 435819 | 448529 | 464000 |

注:①能源消费总量的单位均为万吨标准煤;
②表中的百分数均指各类能源能耗占总能耗的比重。

　　我国各地区的经济发展基础、初始条件、产业结构与能源消费结构都有所不同,因此,碳排放量具有区域性差异特征。如表 3-7 所示,在 2005—2016 年间,我国四大经济区域的碳排放整体呈现上升势头,年均增速分别为 4.49%、3.75%、7.00%、3.33%;总的来看,按照碳排放量由高到低的排序依次为东部地区、西部地区、中部地区、东北地区;2009 年以后,年均增速最大的西部地区的碳排放总量超越中部地区,位列全国第二,而经济最为发达的东部地区,对碳基能源具有刚性需求,故碳排放的比重维持在 40% 左右,近几年略有下降。尽管东北地区产业结构偏向重工业,但仅包含三个省,总产出水平有限,故碳排放量最低。

表 3-7　四大经济区域碳排放量及所占比重

| 年份 | 东部地区 | 中部地区 | 西部地区 | 东北地区 |
|------|---------|---------|---------|---------|
| 2005 | 316251.6 | 182468.9 | 166713.6 | 93388.0 |
|      | 41.68% | 24.05% | 21.97% | 12.30% |
| 2006 | 347084.4 | 201852.6 | 202624.4 | 100186.6 |
|      | 40.75% | 23.70% | 23.79% | 11.76% |
| 2007 | 377720.7 | 220281.4 | 209133.8 | 107315.6 |
|      | 41.31% | 23.27% | 22.86% | 11.73% |
| 2008 | 390875.1 | 221891.4 | 226995.6 | 114282.1 |
|      | 40.97% | 24.10% | 23.80% | 11.98% |
| 2009 | 411071.2 | 229356.8 | 248310.2 | 118358.6 |
|      | 40.83% | 22.77% | 24.65% | 11.76% |
| 2010 | 451976.7 | 249239.4 | 272233.2 | 129736.7 |
|      | 40.97% | 22.59% | 24.69% | 11.76% |
| 2011 | 491128.4 | 275179.3 | 314641.9 | 140448.1 |
|      | 40.22% | 22.52% | 25.76% | 11.50% |
| 2012 | 496236.8 | 274491.8 | 338059.0 | 143977.3 |
|      | 39.62% | 21.91% | 26.99% | 11.50% |
| 2013 | 492070.1 | 271955.5 | 344859.3 | 136509.3 |
|      | 39.51% | 21.85% | 27.70% | 10.96% |
| 2014 | 494860.6 | 275310.6 | 351480.1 | 136750.3 |
|      | 39.33% | 21.88% | 27.93% | 10.87% |
| 2015 | 502897.7 | 276505.2 | 344853 | 133363.6 |
|      | 39.99% | 21.98% | 27.41% | 10.61% |

| 年份 | 东部地区 | 中部地区 | 西部地区 | 东北地区 |
|------|----------|----------|----------|----------|
| 2016 | 512631.7 | 273664.1 | 351008.5 | 133887.0 |
|      | 40.33% | 21.52% | 27.62% | 10.54% |
| 平均增速 | 4.49% | 3.75% | 7.00% | 3.33% |

注:碳排放量(指 $CO_2$ 排放量)是参照相关年份《中国能源统计年鉴》和《中国统计年鉴》的相关数据、根据碳排放系数计算所得,单位为万吨;各经济区域碳排放量所占比重指在全国总碳排放量中占的百分比;平均增速指 2005—2016 年间各经济区域碳排放量(指 $CO_2$ 排放量)的年均增长速度;下表同。

如表 3-8 所示,2005—2016 年间各个区域的碳排放强度及能源强度均呈现显著下降的趋势,按照碳排放强度由大到小排序,居末位的始终是东部地区,而中部、西部和东北地区之间碳排放强度的最初差距相对较小,近些年来在逐渐拉大,但正以不同的速度下降,向东部地区的水平靠拢;自 2009 年以来,西部地区的碳排放强度终于超过了东北地区位居第一,而中部地区稳定在碳排放强度第三大的位置上。这些年,各区域能源强度的变化趋势与碳排放强度的变化趋势基本一致:一直在不断下降,因为碳排放强度的大小最终取决于能源消耗结构与总量,两种强度之间必然存在紧密的关联性。在 2005—2012 年间,能源强度按从大到小排序,依次为西部、东北、中部和东部,而自 2013 年以来,东北地区和中部地区的排序位置开始互换。

表 3-8　四大经济区域碳排放强度及能源强度

| 年份 | 指标 | 东部地区 | 中部地区 | 西部地区 | 东北地区 |
|------|------|----------|----------|----------|----------|
| 2005 | 碳排放强度 | 9.42 | 14.34 | 14.25 | 15.97 |
|      | 能源强度 | 3.45 | 4.55 | 5.35 | 4.61 |
| 2006 | 碳排放强度 | 9.27 | 14.44 | 15.69 | 15.57 |
|      | 能源强度 | 3.41 | 4.56 | 5.37 | 4.60 |
| 2007 | 碳排放强度 | 8.90 | 14.24 | 14.53 | 15.05 |
|      | 能源强度 | 3.30 | 4.52 | 5.32 | 4.55 |
| 2008 | 碳排放强度 | 8.05 | 12.70 | 13.97 | 14.26 |
|      | 能源强度 | 3.03 | 4.21 | 5.06 | 4.37 |
| 2009 | 碳排放强度 | 7.45 | 11.65 | 13.50 | 13.16 |
|      | 能源强度 | 2.80 | 3.91 | 4.79 | 4.14 |

续表

| 年份 | 指标 | 东部地区 | 中部地区 | 西部地区 | 东北地区 |
|------|------|----------|----------|----------|----------|
| 2010 | 碳排放强度 | 7.17 | 11.19 | 13.04 | 12.68 |
|      | 能源强度 | 2.66 | 3.78 | 4.63 | 3.96 |
| 2011 | 碳排放强度 | 6.79 | 10.78 | 13.12 | 12.00 |
|      | 能源强度 | 2.47 | 3.59 | 4.51 | 3.75 |
| 2012 | 碳排放强度 | 6.17 | 9.56 | 12.50 | 10.84 |
|      | 能源强度 | 2.30 | 3.34 | 4.31 | 3.44 |
| 2013 | 碳排放强度 | 5.51 | 8.46 | 11.23 | 9.12 |
|      | 能源强度 | 2.16 | 3.11 | 4.11 | 3.08 |
| 2014 | 碳排放强度 | 4.94 | 7.52 | 10.02 | 8.04 |
|      | 能源强度 | 1.84 | 2.58 | 3.39 | 2.49 |
| 2015 | 碳排放强度 | 4.54 | 6.69 | 8.61 | 6.96 |
|      | 能源强度 | 1.70 | 2.30 | 3.05 | 2.19 |
| 2016 | 碳排放强度 | 4.23 | 5.96 | 7.80 | 6.34 |
|      | 能源强度 | 1.59 | 2.11 | 2.79 | 1.96 |

注:碳排放强度即单位增加值的 $CO_2$ 排放量,单位为吨/万元;能源强度即单位增加值的能源消耗量,单位为吨标准煤/万元;单位 GDP 折算到 1990 年不变价格水平;下表同。

表 3-9 至表 3-16 中具体比较分析了各地区省、市域碳排放量、碳排放强度及能源强度的变化情况。

表3-9 东部地区省域碳排放量及所占比重

| 年份 | 北京 | 天津 | 河北 | 上海 | 江苏 | 浙江 | 福建 | 山东 | 广东 | 海南 |
|---|---|---|---|---|---|---|---|---|---|---|
| 2005 | 11745.3 | 12664.9 | 59953.3 | 23314.3 | 49545.7 | 30875.9 | 13640.5 | 73638.2 | 39616.3 | 1257.2 |
|  | 1.55% | 1.67% | 7.90% | 3.07% | 6.53% | 4.07% | 1.80% | 9.70% | 5.22% | 0.17% |
| 2006 | 11901.8 | 13490.5 | 64633.2 | 23116.6 | 53923.7 | 34681.2 | 15161.3 | 84405.9 | 43738.6 | 2031.6 |
|  | 1.40% | 1.58% | 7.59% | 2.71% | 6.33% | 4.07% | 1.78% | 9.91% | 5.14% | 0.24% |
| 2007 | 12579.5 | 14318.7 | 70503.5 | 23648.1 | 58002.2 | 38655.4 | 17112.1 | 91837.5 | 46934.1 | 4129.6 |
|  | 1.38% | 1.57% | 7.71% | 2.59% | 6.34% | 4.23% | 1.87% | 10.04% | 5.13% | 0.45% |
| 2008 | 12499.5 | 14222.2 | 73333.8 | 24939.1 | 58486.6 | 39464 | 17859.5 | 97209.4 | 48625.5 | 4235.5 |
|  | 1.31% | 1.49% | 7.69% | 2.61% | 6.13% | 4.14% | 1.87% | 10.19% | 5.10% | 0.44% |
| 2009 | 12667.7 | 15291.8 | 78121.1 | 24746.4 | 61191.5 | 41003.9 | 21018.5 | 101123.9 | 51331.6 | 4574.8 |
|  | 1.26% | 1.52% | 7.76% | 2.46% | 6.08% | 4.07% | 2.09% | 10.04% | 5.10% | 0.45% |
| 2010 | 12752.4 | 18579.9 | 83997.6 | 26908.2 | 68308.4 | 43769.2 | 22918.6 | 111676.2 | 58119.2 | 4947.0 |
|  | 1.16% | 1.68% | 7.61% | 2.44% | 6.19% | 3.97% | 2.08% | 10.12% | 5.27% | 0.45% |
| 2011 | 11790.1 | 20367.6 | 94959.2 | 27501.8 | 78559.2 | 46156.3 | 26096.3 | 117586.8 | 62551.7 | 5559.4 |
|  | 0.97% | 1.67% | 7.77% | 2.25% | 6.43% | 3.78% | 2.14% | 9.63% | 5.12% | 0.46% |
| 2012 | 11629.3 | 20412.4 | 96097.7 | 26901.5 | 79853.8 | 44672.8 | 25880.2 | 123504.8 | 61417.3 | 5867.0 |
|  | 0.93% | 1.63% | 7.67% | 2.15% | 6.37% | 3.57% | 2.07% | 9.86% | 4.90% | 0.47% |

续表

| 年份 | 北京 | 天津 | 河北 | 上海 | 江苏 | 浙江 | 福建 | 山东 | 广东 | 海南 |
|---|---|---|---|---|---|---|---|---|---|---|
| 2013 | 10255.6 | 20939.7 | 96110.0 | 27998.3 | 81494.8 | 44687.1 | 24895.2 | 119666.2 | 60655.5 | 5367.7 |
| | 0.82% | 1.68% | 7.72% | 2.25% | 6.54% | 3.59% | 2.00% | 9.61% | 4.87% | 0.43% |
| 2014 | 10374.7 | 20035.3 | 91229.9 | 25352.5 | 80880.8 | 43789.1 | 28504.3 | 127945.1 | 60755.7 | 5993.2 |
| | 0.82% | 1.59% | 7.25% | 2.01% | 6.43% | 3.48% | 2.27% | 10.17% | 4.83% | 0.48% |
| 2015 | 9316.9 | 19239.8 | 90018.1 | 26099 | 83137.6 | 44268.6 | 27497.7 | 135990.9 | 60639.9 | 6689.2 |
| | 0.74% | 1.53% | 7.16% | 2.08% | 6.61% | 3.52% | 2.19% | 10.81% | 4.82% | 0.53% |
| 2016 | 8343.8 | 18015.5 | 90150.9 | 26091.3 | 86478.6 | 43753.4 | 25661.0 | 145279.0 | 62288.8 | 6569.4 |
| | 0.66% | 1.42% | 7.09% | 2.05% | 6.80% | 3.44% | 2.02% | 11.43% | 4.90% | 0.52% |
| 平均增速 | -3.06% | 3.26% | 3.78% | 1.03% | 5.19% | 3.22% | 5.91% | 6.37% | 4.20% | 16.22% |

注:碳排放量(指 CO₂ 排放量)是参照相关年份《中国能源统计年鉴》和《中国统计年鉴》的相关数据,根据碳排放系数计算所得,单位为万吨;各省碳排放量所占比重指在全国总碳排放量中占的百分比;平均增速指 2005—2016 年间各省碳排放量的年均增长速度;下表同。

表 3-10 中部地区省域碳排放量及所占比重

| 年份 | 山西 | 安徽 | 江西 | 河南 | 湖北 | 湖南 |
|------|------|------|------|------|------|------|
| 2005 | 59026.9 | 20404.8 | 12168.8 | 43695.1 | 24873.5 | 22299.8 |
|      | 7.78% | 2.69% | 1.60% | 5.76% | 3.28% | 2.94% |
| 2006 | 65567.9 | 21899.2 | 13269.3 | 49481.1 | 27919.4 | 23715.7 |
|      | 7.70% | 2.57% | 1.56% | 5.81% | 3.28% | 2.78% |
| 2007 | 68283.4 | 24412.6 | 14500.2 | 54823.5 | 30805.0 | 27456.7 |
|      | 6.88% | 2.92% | 1.54% | 5.92% | 3.16% | 2.85% |
| 2008 | 65597.8 | 27859.9 | 14703.4 | 56472.6 | 30111.9 | 27145.8 |
|      | 7.47% | 2.67% | 1.59% | 6.00% | 3.37% | 3.00% |
| 2009 | 64836.8 | 30619.4 | 15398.8 | 57651.3 | 32331.8 | 28518.7 |
|      | 6.44% | 3.04% | 1.53% | 5.72% | 3.21% | 2.83% |
| 2010 | 69280.9 | 32407.5 | 17887.0 | 62310.3 | 37106.4 | 30247.3 |
|      | 6.28% | 2.94% | 1.62% | 5.65% | 3.36% | 2.74% |
| 2011 | 76355.6 | 34620.4 | 19718.3 | 68625.9 | 42182.3 | 33676.8 |
|      | 6.25% | 2.83% | 1.61% | 5.62% | 3.45% | 2.76% |
| 2012 | 79669.4 | 36107.2 | 19743.4 | 63758.6 | 42115.6 | 33097.6 |
|      | 6.36% | 2.88% | 1.58% | 5.09% | 3.36% | 2.64% |

续表

| 年份 | 山西 | 安徽 | 江西 | 河南 | 湖北 | 湖南 |
|------|------|------|------|------|------|------|
| 2013 | 81434.6 | 38923.8 | 21054.0 | 62594.9 | 36099.4 | 31848.8 |
|  | 6.54% | 3.13% | 1.69% | 5.03% | 2.90% | 2.56% |
| 2014 | 83331.2 | 40052.2 | 21395.3 | 63371.4 | 36322.8 | 30837.7 |
|  | 6.62% | 3.18% | 1.70% | 5.04% | 2.89% | 2.45% |
| 2015 | 82234.4 | 40118.1 | 22294.4 | 63439.5 | 35978.1 | 32440.7 |
|  | 6.54% | 3.19% | 1.77% | 5.04% | 2.86% | 2.58% |
| 2016 | 79758.1 | 40001.2 | 22555.7 | 62677.0 | 36025.3 | 32646.8 |
|  | 6.27% | 3.15% | 1.77% | 4.93% | 2.83% | 2.57% |
| 平均增速 | 2.77% | 6.31% | 5.77% | 3.33% | 3.42% | 3.53% |

表3-11 西部地区省域碳排放量及所占比重

| 年份 | 内蒙古 | 广西 | 重庆 | 四川 | 贵州 | 云南 | 陕西 | 甘肃 | 青海 | 宁夏 | 新疆 |
|---|---|---|---|---|---|---|---|---|---|---|---|
| 2005 | 32353.4 | 10255.8 | 10417.8 | 22080.5 | 17125.3 | 18318.3 | 18184.5 | 13189.7 | 2571.2 | 7519.9 | 14697.2 |
|  | 4.26% | 1.35% | 1.37% | 2.91% | 2.26% | 2.41% | 2.40% | 1.74% | 0.34% | 0.99% | 1.94% |
| 2006 | 51855.4 | 11183.5 | 11302.4 | 24221.8 | 19683.9 | 20175.8 | 22159.5 | 14038.1 | 3013.8 | 8223.7 | 16766.5 |
|  | 6.09% | 1.31% | 1.33% | 2.84% | 2.31% | 2.37% | 2.60% | 1.65% | 0.35% | 0.97% | 1.97% |
| 2007 | 43570.3 | 12998.1 | 12293.0 | 27270.9 | 21279.4 | 21085.1 | 23997.6 | 15655.8 | 3568.0 | 9131.9 | 18283.7 |
|  | 4.76% | 1.42% | 1.34% | 2.98% | 2.33% | 2.31% | 2.62% | 1.71% | 0.39% | 1.00% | 2.00% |
| 2008 | 51855.4 | 13233.8 | 12800.3 | 28788.0 | 21800.3 | 21691.2 | 26513.0 | 15961.6 | 3758.9 | 10175.6 | 20417.5 |
|  | 5.44% | 1.39% | 1.34% | 3.02% | 2.29% | 2.27% | 2.78% | 1.67% | 0.39% | 1.07% | 2.14% |
| 2009 | 56237.0 | 14673.7 | 13824.7 | 32290.8 | 23894.6 | 23561.6 | 28947.3 | 15744.5 | 3805.6 | 11195.1 | 24135.3 |
|  | 5.58% | 1.46% | 1.37% | 3.21% | 2.37% | 2.34% | 2.87% | 1.56% | 0.38% | 1.11% | 2.40% |
| 2010 | 62033.2 | 17828.3 | 15219.6 | 32381.7 | 24080.5 | 24882.4 | 34297.9 | 17530.5 | 3808.1 | 13218.6 | 26952.4 |
|  | 5.62% | 1.62% | 1.38% | 2.94% | 2.18% | 2.26% | 3.11% | 1.59% | 0.35% | 1.20% | 2.44% |
| 2011 | 77753.5 | 21877.8 | 17386.2 | 33086.3 | 26622.0 | 25672.6 | 37998.2 | 20268.8 | 4417.6 | 17658.0 | 31900.9 |
|  | 6.37% | 1.79% | 1.42% | 2.71% | 2.18% | 2.10% | 3.11% | 1.66% | 0.36% | 1.45% | 2.61% |
| 2012 | 80878.3 | 23996.4 | 16965.3 | 34649.4 | 29126.7 | 26663.3 | 43765.1 | 20799.5 | 5233.4 | 18937.3 | 37044.3 |
|  | 6.46% | 1.92% | 1.35% | 2.77% | 2.32% | 2.13% | 3.49% | 1.66% | 0.42% | 1.51% | 2.96% |

续表

| 年份 | 内蒙古 | 广西 | 重庆 | 四川 | 贵州 | 云南 | 陕西 | 甘肃 | 青海 | 宁夏 | 新疆 |
|---|---|---|---|---|---|---|---|---|---|---|---|
| 2013 | 78838.9 | 23726.1 | 14397.7 | 35569.0 | 30155.7 | 26272.9 | 46433.5 | 21431.9 | 5788.8 | 20174.8 | 42070.0 |
| | 6.33% | 1.91% | 1.16% | 2.86% | 2.42% | 2.11% | 3.73% | 1.72% | 0.46% | 1.62% | 3.38% |
| 2014 | 80769.6 | 23533.3 | 15336.8 | 36555.5 | 29054.5 | 23556.6 | 48932.4 | 21558.3 | 5362.3 | 20594.4 | 46226.4 |
| | 6.42% | 1.87% | 1.22% | 2.90% | 2.31% | 1.87% | 3.89% | 1.71% | 0.43% | 1.64% | 3.67% |
| 2015 | 80669.4 | 22335.2 | 15374.3 | 33963.5 | 28767.5 | 21008.1 | 48322.7 | 20900.4 | 4807.9 | 21273.3 | 47430.7 |
| | 6.41% | 1.78% | 1.22% | 2.70% | 2.29% | 1.67% | 3.84% | 1.66% | 0.38% | 1.69% | 3.77% |
| 2016 | 81424.1 | 23501.6 | 15161.0 | 32479.6 | 30489.8 | 20787.0 | 49467.3 | 20135.2 | 5711.0 | 21071.0 | 50780.9 |
| | 6.41% | 1.85% | 1.19% | 2.56% | 2.40% | 1.64% | 3.89% | 1.58% | 0.45% | 1.66% | 3.99% |
| 平均增速 | 8.75% | 7.83% | 3.47% | 3.57% | 5.38% | 1.16% | 9.52% | 3.92% | 7.52% | 9.82% | 11.93% |

注:西藏的能源数据缺失,因而没能给出,下表同。

表 3-12 东北地区省域碳排放量及所占比重

| 年份 | 辽宁 | 吉林 | 黑龙江 | 年份 | 辽宁 | 吉林 | 黑龙江 |
|---|---|---|---|---|---|---|---|
| 2005 | 50188.6 6.61% | 17927.8 2.36% | 25271.6 3.33% | 2011 | 73615.2 6.03% | 29426.5 2.41% | 37406.4 3.06% |
| 2006 | 54282.6 6.37% | 18960.3 2.23% | 26943.7 3.16% | 2012 | 75798.8 6.05% | 29005.6 2.32% | 39172.9 3.13% |
| 2007 | 58441.9 6.39% | 19976.7 2.18% | 28897.0 3.16% | 2013 | 72103.7 5.79% | 27765.2 2.23% | 36640.4 2.94% |
| 2008 | 61040.9 6.40% | 22545.1 2.36% | 30696.1 3.22% | 2014 | 72063.4 5.73% | 27547.9 2.19% | 37139.0 2.95% |
| 2009 | 63245.3 6.28% | 23020.0 2.29% | 32093.3 3.19% | 2015 | 70682.9 5.62% | 25741.4 2.05% | 36939.3 2.94% |
| 2010 | 69267.3 6.28% | 25612.3 2.32% | 34857.1 3.16% | 2016 | 71016.3 5.59% | 25155.5 1.98% | 37715.2 2.97% |
| 平均增速 | 3.21% | 3.13% | 3.71% | | | | |

表 3-13　东部地区省域碳排放强度及能源强度

| 年份 | 指标 | 北京 | 天津 | 河北 | 上海 | 江苏 | 浙江 | 福建 | 山东 | 广东 | 海南 |
|------|------|------|------|------|------|------|------|------|------|------|------|
| 2005 | 碳排放强度 | 4.65 | 7.10 | 11.77 | 5.52 | 5.08 | 4.62 | 3.70 | 7.46 | 3.59 | 2.32 |
|      | 能源强度 | 1.27 | 1.94 | 3.21 | 1.51 | 1.39 | 1.26 | 1.01 | 2.04 | 0.98 | 0.63 |
| 2006 | 碳排放强度 | 4.17 | 6.59 | 11.19 | 4.86 | 4.81 | 4.55 | 3.58 | 7.46 | 3.46 | 3.32 |
|      | 能源强度 | 1.14 | 1.80 | 3.05 | 1.32 | 1.31 | 1.24 | 0.98 | 2.03 | 0.94 | 0.90 |
| 2007 | 碳排放强度 | 3.85 | 6.06 | 10.82 | 4.31 | 4.51 | 4.43 | 3.51 | 7.11 | 3.23 | 5.82 |
|      | 能源强度 | 1.05 | 1.65 | 2.95 | 1.18 | 1.23 | 1.21 | 0.96 | 1.94 | 0.88 | 1.59 |
| 2008 | 碳排放强度 | 3.50 | 5.17 | 10.23 | 4.15 | 4.03 | 4.10 | 3.24 | 6.72 | 3.03 | 5.41 |
|      | 能源强度 | 0.96 | 1.41 | 2.79 | 1.13 | 1.10 | 1.12 | 0.88 | 1.83 | 0.83 | 1.48 |
| 2009 | 碳排放强度 | 3.22 | 4.77 | 9.90 | 3.80 | 3.75 | 3.92 | 3.40 | 6.23 | 2.91 | 5.23 |
|      | 能源强度 | 0.88 | 1.30 | 2.70 | 1.04 | 1.02 | 1.07 | 0.93 | 1.70 | 0.79 | 1.43 |
| 2010 | 碳排放强度 | 2.94 | 4.93 | 9.49 | 3.76 | 3.72 | 3.74 | 3.25 | 6.11 | 2.94 | 4.89 |
|      | 能源强度 | 0.80 | 1.35 | 2.59 | 1.03 | 1.01 | 1.02 | 0.89 | 1.67 | 0.80 | 1.33 |
| 2011 | 碳排放强度 | 2.52 | 4.65 | 9.64 | 3.55 | 3.86 | 3.62 | 3.30 | 5.80 | 2.88 | 4.90 |
|      | 能源强度 | 0.69 | 1.27 | 2.63 | 0.97 | 1.05 | 0.99 | 0.90 | 1.58 | 0.78 | 1.34 |
| 2012 | 碳排放强度 | 2.30 | 4.09 | 8.90 | 3.23 | 3.56 | 3.24 | 2.94 | 5.55 | 2.61 | 4.74 |
|      | 能源强度 | 0.63 | 1.12 | 2.43 | 0.88 | 0.97 | 0.88 | 0.80 | 1.51 | 0.71 | 1.29 |

续表

| 年份 | 指标 | 北京 | 天津 | 河北 | 上海 | 江苏 | 浙江 | 福建 | 山东 | 广东 | 海南 |
|---|---|---|---|---|---|---|---|---|---|---|---|
| 2013 | 碳排放强度 | 1.89 | 3.73 | 8.23 | 3.13 | 3.31 | 3.00 | 2.54 | 4.91 | 2.38 | 3.95 |
| | 能源强度 | 0.51 | 1.02 | 2.24 | 0.85 | 0.90 | 0.82 | 0.69 | 1.34 | 0.65 | 1.08 |
| 2014 | 碳排放强度 | 1.78 | 3.25 | 7.33 | 2.64 | 3.03 | 2.73 | 2.65 | 4.83 | 2.21 | 4.06 |
| | 能源强度 | 0.49 | 0.89 | 2.00 | 0.72 | 0.83 | 0.74 | 0.72 | 1.32 | 0.60 | 1.11 |
| 2015 | 碳排放强度 | 1.49 | 2.85 | 6.77 | 2.55 | 2.87 | 2.55 | 2.35 | 4.75 | 2.04 | 4.21 |
| | 能源强度 | 0.41 | 0.78 | 1.85 | 0.69 | 0.78 | 0.70 | 0.64 | 1.30 | 0.56 | 1.15 |
| 2016 | 碳排放强度 | 1.25 | 2.45 | 6.35 | 2.38 | 2.77 | 2.35 | 2.02 | 4.72 | 1.95 | 3.84 |
| | 能源强度 | 0.34 | 0.67 | 1.73 | 0.65 | 0.75 | 0.64 | 0.55 | 1.29 | 0.53 | 1.05 |

注：碳排放强度即单位增加值的 $CO_2$ 排放量，单位为吨/万元；能源强度即单位增加值的能源消耗量，单位为吨标准煤/万元；单位 GDP 及行业增加值折算到 1990 年不变价格水平；下表同。

**表 3-14　中部地区省域碳排放强度及能源强度**

| 年份 | 指标 | 山西 | 安徽 | 江西 | 河南 | 湖北 | 湖南 |
|---|---|---|---|---|---|---|---|
| 2005 | 碳排放强度 | 28.57 | 5.98 | 5.57 | 9.15 | 6.28 | 6.78 |
|  | 能源强度 | 7.79 | 1.63 | 1.52 | 2.50 | 1.71 | 1.85 |
| 2006 | 碳排放强度 | 28.13 | 5.70 | 5.40 | 9.06 | 6.23 | 6.40 |
|  | 能源强度 | 7.67 | 1.56 | 1.47 | 2.47 | 1.70 | 1.74 |
| 2007 | 碳排放强度 | 25.28 | 5.57 | 5.22 | 8.76 | 5.99 | 6.44 |
|  | 能源强度 | 6.89 | 1.52 | 1.42 | 2.39 | 1.63 | 1.76 |
| 2008 | 碳排放强度 | 22.38 | 5.64 | 4.67 | 8.05 | 5.17 | 5.59 |
|  | 能源强度 | 6.10 | 1.54 | 1.27 | 2.19 | 1.41 | 1.52 |
| 2009 | 碳排放强度 | 20.99 | 5.49 | 4.33 | 7.41 | 4.89 | 5.16 |
|  | 能源强度 | 5.72 | 1.50 | 1.18 | 2.02 | 1.33 | 1.41 |
| 2010 | 碳排放强度 | 19.69 | 5.07 | 4.41 | 7.14 | 4.89 | 4.78 |
|  | 能源强度 | 5.37 | 1.38 | 1.20 | 1.95 | 1.33 | 1.30 |
| 2011 | 碳排放强度 | 19.21 | 4.78 | 4.32 | 7.02 | 4.88 | 4.72 |
|  | 能源强度 | 5.24 | 1.30 | 1.18 | 1.92 | 1.33 | 1.29 |
| 2012 | 碳排放强度 | 18.20 | 4.44 | 3.90 | 5.93 | 4.38 | 4.17 |
|  | 能源强度 | 4.96 | 1.21 | 1.06 | 1.62 | 1.19 | 1.14 |

续表

| 年份 | 指标 | 山西 | 安徽 | 江西 | 河南 | 湖北 | 湖南 |
|---|---|---|---|---|---|---|---|
| 2013 | 碳排放强度 | 17.08 | 4.34 | 3.77 | 5.34 | 3.41 | 3.64 |
|  | 能源强度 | 4.66 | 1.18 | 1.03 | 1.46 | 0.93 | 0.99 |
| 2014 | 碳排放强度 | 16.66 | 4.09 | 3.50 | 4.96 | 3.13 | 3.22 |
|  | 能源强度 | 4.54 | 1.12 | 0.95 | 1.35 | 0.85 | 0.88 |
| 2015 | 碳排放强度 | 15.95 | 3.77 | 3.34 | 4.59 | 2.84 | 3.12 |
|  | 能源强度 | 4.35 | 1.03 | 0.91 | 1.25 | 0.78 | 0.85 |
| 2016 | 碳排放强度 | 14.80 | 3.46 | 3.10 | 4.19 | 2.63 | 2.91 |
|  | 能源强度 | 4.04 | 0.94 | 0.85 | 1.14 | 0.72 | 0.79 |

表 3-15　西部地区省域碳排放强度及能源强度

| 年份 | 指标 | 内蒙古 | 广西 | 重庆 | 四川 | 贵州 | 云南 | 陕西 | 甘肃 | 青海 | 宁夏 | 新疆 |
|---|---|---|---|---|---|---|---|---|---|---|---|---|
| 2005 | 碳排放强度 | 17.40 | 4.15 | 7.07 | 4.18 | 17.46 | 10.78 | 9.84 | 12.89 | 9.53 | 29.84 | 13.31 |
|      | 能源强度 | 4.75 | 1.13 | 1.93 | 1.14 | 4.76 | 2.94 | 2.68 | 3.51 | 2.60 | 8.14 | 3.63 |
| 2006 | 碳排放强度 | 23.42 | 3.98 | 6.83 | 4.04 | 17.79 | 10.64 | 10.53 | 12.30 | 9.86 | 28.95 | 13.68 |
|      | 能源强度 | 6.39 | 1.09 | 1.86 | 1.10 | 4.85 | 2.90 | 2.87 | 3.36 | 2.69 | 7.90 | 3.73 |
| 2007 | 碳排放强度 | 16.51 | 4.02 | 6.41 | 3.97 | 16.75 | 9.91 | 9.85 | 12.22 | 10.29 | 28.53 | 13.29 |
|      | 能源强度 | 4.50 | 1.10 | 1.75 | 1.08 | 4.57 | 2.70 | 2.69 | 3.33 | 2.81 | 7.78 | 3.63 |
| 2008 | 碳排放强度 | 16.68 | 3.63 | 5.83 | 3.78 | 15.42 | 9.22 | 9.35 | 11.31 | 9.55 | 28.23 | 13.37 |
|      | 能源强度 | 4.55 | 0.99 | 1.59 | 1.03 | 4.20 | 2.51 | 2.55 | 3.09 | 2.60 | 7.70 | 3.65 |
| 2009 | 碳排放强度 | 15.47 | 3.53 | 5.48 | 3.70 | 15.17 | 8.93 | 8.99 | 10.12 | 8.78 | 27.76 | 14.62 |
|      | 能源强度 | 4.22 | 0.96 | 1.49 | 1.01 | 4.14 | 2.44 | 2.45 | 2.76 | 2.39 | 7.57 | 3.99 |
| 2010 | 碳排放强度 | 14.85 | 3.76 | 5.15 | 3.22 | 13.55 | 8.40 | 9.30 | 10.08 | 7.62 | 28.90 | 14.76 |
|      | 能源强度 | 4.05 | 1.02 | 1.40 | 0.88 | 3.70 | 2.29 | 2.54 | 2.75 | 2.08 | 7.88 | 4.03 |
| 2011 | 碳排放强度 | 16.29 | 4.11 | 5.05 | 2.86 | 13.03 | 7.62 | 9.04 | 10.36 | 7.79 | 34.44 | 15.60 |
|      | 能源强度 | 4.44 | 1.12 | 1.38 | 0.78 | 3.55 | 2.08 | 2.47 | 2.83 | 2.12 | 9.39 | 4.26 |
| 2012 | 碳排放强度 | 15.20 | 4.05 | 4.34 | 2.66 | 12.55 | 7.01 | 9.23 | 9.45 | 8.21 | 33.13 | 16.18 |
|      | 能源强度 | 4.14 | 1.10 | 1.18 | 0.73 | 3.42 | 1.91 | 2.52 | 2.58 | 2.24 | 9.03 | 4.41 |

续表

| 年份 | 指标 | 内蒙古 | 广西 | 重庆 | 四川 | 贵州 | 云南 | 陕西 | 甘肃 | 青海 | 宁夏 | 新疆 |
|---|---|---|---|---|---|---|---|---|---|---|---|---|
| 2013 | 碳排放强度 | 13.59 | 3.63 | 3.28 | 2.49 | 11.55 | 6.16 | 8.82 | 8.78 | 8.20 | 32.14 | 16.55 |
|  | 能源强度 | 3.71 | 0.99 | 0.89 | 0.68 | 3.15 | 1.68 | 2.41 | 2.40 | 2.24 | 8.77 | 4.51 |
| 2014 | 碳排放强度 | 12.92 | 3.32 | 3.15 | 2.36 | 10.04 | 5.11 | 8.47 | 8.11 | 6.96 | 30.38 | 16.53 |
|  | 能源强度 | 3.52 | 0.91 | 0.86 | 0.64 | 2.74 | 1.39 | 2.31 | 2.21 | 1.90 | 8.29 | 4.51 |
| 2015 | 碳排放强度 | 11.98 | 2.91 | 2.85 | 2.03 | 8.98 | 4.19 | 7.75 | 7.28 | 5.76 | 29.06 | 15.59 |
|  | 能源强度 | 3.27 | 0.79 | 0.78 | 0.55 | 2.45 | 1.14 | 2.11 | 1.98 | 1.57 | 7.92 | 4.25 |
| 2016 | 碳排放强度 | 11.28 | 2.86 | 2.53 | 1.80 | 8.61 | 3.81 | 7.38 | 6.52 | 6.34 | 26.62 | 15.51 |
|  | 能源强度 | 3.08 | 0.78 | 0.69 | 0.49 | 2.35 | 1.04 | 2.01 | 1.78 | 1.73 | 7.26 | 4.23 |

**表 3-16　东北部地区省域碳排放强度及能源强度**

| 年份 | 指标 | 辽宁 | 吉林 | 黑龙江 |
|---|---|---|---|---|
| 2005 | 碳排放强度 | 11.29 | 9.46 | 9.52 |
| | 能源强度 | 3.08 | 2.58 | 2.60 |
| 2006 | 碳排放强度 | 10.69 | 8.70 | 9.05 |
| | 能源强度 | 2.92 | 2.37 | 2.47 |
| 2007 | 碳排放强度 | 10.01 | 7.89 | 8.67 |
| | 能源强度 | 2.73 | 2.15 | 2.36 |
| 2008 | 碳排放强度 | 9.22 | 7.68 | 8.24 |
| | 能源强度 | 2.52 | 2.09 | 2.25 |
| 2009 | 碳排放强度 | 8.45 | 6.90 | 7.73 |
| | 能源强度 | 2.30 | 1.88 | 2.11 |
| 2010 | 碳排放强度 | 8.11 | 6.75 | 7.46 |
| | 能源强度 | 2.21 | 1.84 | 2.03 |
| 2011 | 碳排放强度 | 7.68 | 6.82 | 7.13 |
| | 能源强度 | 2.09 | 1.86 | 1.94 |
| 2012 | 碳排放强度 | 7.22 | 6.00 | 6.79 |
| | 能源强度 | 1.97 | 1.64 | 1.85 |
| 2013 | 碳排放强度 | 6.32 | 5.30 | 5.88 |
| | 能源强度 | 1.72 | 1.45 | 1.60 |
| 2014 | 碳排放强度 | 5.97 | 4.94 | 5.64 |
| | 能源强度 | 1.63 | 1.35 | 1.54 |
| 2015 | 碳排放强度 | 5.69 | 4.34 | 5.31 |
| | 能源强度 | 1.55 | 1.18 | 1.45 |
| 2016 | 碳排放强度 | 5.86 | 3.97 | 5.11 |
| | 能源强度 | 1.60 | 1.08 | 1.39 |

分析以上表中情况,可以得出如下结论:

首先,除北京以外,各省域或市域的碳排量呈现总体持续上升的态势,碳排放量较大的省份多集中于东部,该区域的碳排放量始终占全国的40%左右;其中,东部的山东与河北分列碳排放第一和第二的位置,两者在2016年的碳排放总量分别为145279.0万吨和90150.9万吨,这一年我国有11.43%和7.09%的碳排放分别来自这两个省,并且就山东省而言,这一比例还有上升的势头。西部和中部所占份额均居于21%~28%之间,西部开始低于中部后逐渐超过。而仅含三个省域的东北地区所占比例处于10%~13%之间,辽宁省的碳排放量的比重尽管在下降,到2016年也达到5.59%的水平。此外,碳排放量最小的省级行政区域为青海,属于西部地区,2016年碳排放量仅为5711万吨,占全国的0.45%。

其次,在2005—2016年间,碳排放年均增速超过10%的省域有海南和新疆,分别达到16.22%和11.93%,远高于其他各地,居前两位。增速超过5%的省域有:西部的宁夏、陕西、内蒙古、广西、青海和贵州,东部的山东、福建和江苏,中部的安徽和江西。显然,碳排放增速较快的省份集中在西部和东部地区,且更多来自西部地区。东部省域的碳排放增长率出现两极化特征,例如,北京和天津毗邻,前者的碳排放增速为负且远小于后者,这与北京市产业发展的定位密切相关。习总书记在2014年明确指出北京产业发展的高端化、服务化、集聚化、融合化、低碳化方向。在过去10年里,北京的部分新产业发展势头异常迅猛,特别是医药制造、航空航天制造等低碳高技术产业,2009—2017年间年产业增加值增速远远大于GDP的增长速度。在科技创新的大背景下,北京的能源效率不断提升,劳动生产率持续增加。《传统高能耗产业升级指数报告》显示,北京产业结构优化指数已达优秀,其产业结构转换能力指数是全国最高的。

最后,尽管我国的碳排放强度大于全球平均水平,但实际上已进入不断下降的时期。2005—2016年间,东部、中部、西部和东北地区的碳排放强度分别从9.42吨/万元降至4.23吨/万元、从14.34吨/万元降至5.96吨/万元、从14.25吨/万元降至7.80吨/万元、从15.97吨/万元降至6.34吨/万元;排序有所变化,期初由大到小排列依次为东北、中部、西部和东部,而后变为西部、东北、中部和东部。虽然各地区碳排放强度都呈现下降态势,但减少速度与幅度不尽相同,中部和东北地区下降更快,2016 年的碳排放强度分别比 2005 年下降了 60.3% 和 58.4%,西部地区碳排放强度的减速最低,还有待于提高。通过比较发现,能源强度的区域分布及其变化规律与碳排放强度的情况基本一致。此外,虽然碳排放量较大的省域集中在东部地区,但碳排放强度较高的省域集中在中西部地区,以2016 年为例,碳排放强度不足 3 吨/万元的省份有东部的北京、广东、福建、浙江、上海、天津和江苏,中部的湖北和湖南,西部的四川、重庆和广西,可见,碳排放强度低的省份多属于东部地区;碳排放强度超过6 吨/万元的省域包括东部的河北,中部的山西,西部的宁夏、新疆、内蒙古、贵州、陕西、甘肃和青海,显然,碳排放强度最高的省份大多集中于西部地区。总之,大部分东部省域碳排放强度较低,西部多数省份的碳排放强度偏高,中部与东北部省份碳排放强度的高低落差整体不大。

综上可知,碳排放量和排放强度在省域间存在较大的差异。虽然碳排放量较大的省域集中在东部地区,然而,碳排放强度较高的省域更多集中在西部地区,中部和东北地区居中,最后是东部地区。在城镇化背景下地域之间经济发展水平与速度的不平衡是造成以上差异的重要原因之一。

### 3.2.4　各产业碳排放比较分析

如表 3-17 所示,2000—2017 年间,生活部门总能耗量在不断上升,所占比重由 11.36% 增加到 12.85%,生产部门总能耗从 13.03 亿吨标准煤上升至 39.09 亿吨标准煤,年均增长 6.68%,所占比重自 2011 年开始呈现下降态势,但 2017 年时所占比重仍超过 87%。其中,工业能耗占主导地位,年均增速 6.37%,所占比重稳中有降,由 2000 年的 70.09% 减少为2017 年的 65.66%;建筑业与交通运输仓储邮政业的能源消耗是不断增加的,分别从 2000 年的 2207 万吨标准煤和 11447 万吨标准煤增至 2017 年的 8555 万吨标准煤和 42191 万吨标准煤,年均增速分别达 8.30% 和7.98%。农林牧渔水利业能耗所占比例在波动下降,相较其他行业,年均增速最低,为 4.49%,而其所占比重与建筑业的比重越来与接近,2017 年分别为 1.99% 和 1.91%。

表3-17 2000—2017年总能耗的行业分布

| 年份 | 2000 | 2005 | 2010 | 2011 | 2012 | 2013 | 2014 | 2015 | 2016 | 2017 | 平均增速 |
|---|---|---|---|---|---|---|---|---|---|---|---|
| 农林牧渔水利业 | 4233 | 6860 | 7266 | 7675 | 7804 | 8055 | 8094 | 8232 | 8544 | 8931 | 4.49% |
| | 2.88% | 2.62% | 2.01% | 1.98% | 1.94% | 1.93% | 1.90% | 1.91% | 1.96% | 1.99% | – |
| 工业 | 103014 | 187914 | 261377 | 278048 | 284712 | 291131 | 295686 | 292276 | 290255 | 294488 | 6.37% |
| | 70.09% | 71.90% | 72.47% | 71.84% | 70.80% | 69.83% | 69.44% | 67.99% | 66.60% | 65.66% | – |
| 建筑业 | 2207 | 3486 | 5533 | 6052 | 6337 | 7017 | 7520 | 7696 | 7991 | 8555 | 8.30% |
| | 1.50% | 1.33% | 1.53% | 1.56% | 1.58% | 1.68% | 1.77% | 1.79% | 1.83% | 1.91% | – |
| 交通运输仓储邮政业 | 11447 | 19136 | 27102 | 29694 | 32561 | 34819 | 36336 | 38318 | 39651 | 42191 | 7.98% |
| | 7.79% | 7.32% | 7.51% | 7.67% | 8.10% | 8.35% | 8.53% | 8.91% | 9.10% | 9.41% | – |
| 批发零售住宿餐饮业 | 3251 | 5917 | 7847 | 9147 | 10012 | 10598 | 10873 | 11404 | 12015 | 12475 | 8.23% |
| | 2.21% | 2.26% | 2.18% | 2.36% | 2.49% | 2.54% | 2.55% | 2.65% | 2.76% | 2.78% | – |
| 其他行业 | 6118 | 10484 | 15052 | 16843 | 18407 | 19763 | 20084 | 21881 | 23154 | 24269 | 8.44% |
| | 4.16% | 4.01% | 4.17% | 4.35% | 4.58% | 4.74% | 4.72% | 5.09% | 5.31% | 5.41% | – |
| 生产部门 | 130270 | 233797 | 324177 | 347459 | 359833 | 371383 | 378593 | 379807 | 381610 | 390909 | 6.68% |
| | 88.64% | 89.45% | 89.89% | 89.77% | 89.48% | 89.08% | 88.91% | 88.35% | 87.56% | 87.15% | – |
| 生活部门 | 16695 | 27573 | 36470 | 39584 | 42306 | 45531 | 47212 | 50099 | 54209 | 57620 | 7.56% |
| | 11.36% | 10.55% | 10.11% | 10.23% | 10.52% | 10.92% | 11.09% | 11.65% | 12.44% | 12.85% | – |
| 总计 | 146964 | 261369 | 360648 | 387043 | 402138 | 416913 | 425806 | 429905 | 435819 | 448529 | 6.78% |

注：能源消费总量的单位均为万吨标准煤；表中的百分数均指相应部门或行业相应指标能耗占总能耗的比重。

　　如表 3-18 所示,在 2000—2015 年间,生活部门总能耗碳排放量在不断上升,所占比重却波动下降,由 4.40% 减少为 2.52%;生产部门总能耗碳排放量从 40.62 亿吨标准煤升至 117.12 亿吨标准煤,年均增长7.31%,所占比重已超过 97%。其中,工业碳排放量占据非常大的份额,在 2011 年达到 89.36% 的峰值之后,开始缓慢下降,到 2015 年仍稳定在88.35% 的高水平上;工业碳排放量由 2000 年的 36.72 亿吨标准煤增至106.16 亿吨标准煤,年均增速达 7.33%,在各行业的增长率中位居前列。建筑业与交通运输仓储邮政业的碳排放量分别从 2193 万吨标准煤和21701 万吨标准煤快速增至 4948 万吨标准煤和 65084 万吨标准煤,后者的年平均增速在各行业或部门中是最高的,达到 7.60%;农林牧渔水利业与批发零售住宿餐饮业的碳排放量分别以 5.93% 和 7.29% 的均速平稳上升,到 2015 年两者所占比重分别为 0.90% 和 0.79%。总之,各类行业碳排放量的高低主要取决于产值规模与碳排放强度两类因素,涉及产业发展及结构调整、能源结构升级等诸多因素;在逐渐改变能源结构的前提下,加速能源、工业、交通和建筑等传统行业的低碳化转型,大力推进低碳产业的发展,扶持新能源产业,培育专业化大型环保企业,是低碳经济的必由之路,而不能忽视的是,城镇化背景为此带来了重大的机遇与挑战。

表3-18 2000—2015年总能耗碳排放量的行业分布

| 年份 | 2000 | 2005 | 2006 | 2010 | 2011 | 2012 | 2013 | 2014 | 2015 | 平均增速 |
|---|---|---|---|---|---|---|---|---|---|---|
| 农林牧渔水利业 | 4536 | 7734 | 7963 | 7851 | 8222 | 8474 | 10216 | 10575 | 10758 | 5.93% |
|  | 1.07% | 1.11% | 1.05% | 0.84% | 0.81% | 0.80% | 0.83% | 0.86% | 0.90% |  |
| 工业 | 367192 | 611751 | 672166 | 836953 | 912419 | 942995 | 1102496 | 1091021 | 1061586 | 7.33% |
|  | 86.42% | 88.09% | 88.43% | 89.20% | 89.36% | 88.98% | 89.37% | 89.15% | 88.35% |  |
| 建筑业 | 2193 | 3034 | 3296 | 3937 | 4178 | 4117 | 4594 | 4749 | 4948 | 5.58% |
|  | 0.52% | 0.44% | 0.43% | 0.42% | 0.41% | 0.39% | 0.37% | 0.39% | 0.41% |  |
| 交通运输仓储邮政业 | 21701 | 34954 | 38454 | 47682 | 51359 | 56989 | 60418 | 62160 | 65084 | 7.60% |
|  | 5.11% | 5.03% | 5.06% | 5.08% | 5.03% | 5.38% | 4.90% | 5.08% | 5.42% |  |
| 批发零售住宿餐饮业 | 3309 | 4384 | 4630 | 5230 | 5805 | 6213 | 9540 | 9163 | 9514 | 7.29% |
|  | 0.78% | 0.63% | 0.61% | 0.56% | 0.57% | 0.59% | 0.77% | 0.75% | 0.79% |  |
| 其他行业 | 7277 | 9400 | 9902 | 11744 | 12936 | 13810 | 18269 | 17508 | 19315 | 6.72% |
|  | 1.71% | 1.35% | 1.30% | 1.25% | 1.27% | 1.30% | 1.48% | 1.43% | 1.61% |  |
| 生产部门 | 406208 | 671257 | 736411 | 913397 | 994919 | 1032598 | 1205533 | 1195174 | 1171205 | 7.31% |
|  | 95.60% | 96.66% | 96.88% | 97.35% | 97.44% | 97.44% | 97.73% | 97.66% | 97.48% |  |
| 生活部门 | 18680 | 23230 | 23742 | 24864 | 26175 | 27146 | 28046 | 28684 | 30328 | 3.28% |
|  | 4.40% | 3.34% | 3.12% | 2.65% | 2.56% | 2.56% | 2.27% | 2.34% | 2.52% |  |
| 总计 | 424889 | 694487 | 760153 | 938262 | 1021095 | 1059744 | 1233579 | 1223858 | 1201533 | 7.18% |

注：碳排放量（指$CO_2$排放量）是参照相关年份《中国能源统计年鉴》和《中国统计年鉴》，进行数据整理，根据上文中碳排放计算公式及碳排放系数计算所得，单位为万吨，平均增速指2000—2017年间总能耗碳排放量的年均增长速度。

# 3.3　中国城镇化发展与产业碳排放量变化的总体比较

通过上述对我国城镇化发展水平、产业结构演进及碳排放情况的初步统计分析,发现其间可能存在某些联系:

(1)建国 70 年以来,我国经历了有史以来规模最大、速度最快的城镇化进程。作为目前经济发展的重要推动力,城镇化是实现经济稳定增长的主要途径,实现城镇化首先要以产业发展为基础,其本质上也是产业经济发展到一定阶段的必然产物;世界上所有国家无论贫富,都已经或将要走向高度的城镇化,可以认为城镇化的发展进程同产业演进基本上是相互融合的。产业结构高度化、产业转移、产业集聚及一体化等生产部门的经济活动与城镇化发展之间相互影响、相互促进。

(2)中国对储备较多且价格便宜的煤炭消费量依然巨大,过度依靠能源资源投入与高碳排放的经济发展局面已经得到一定程度的控制;但要从根本上改变仍需要一个长期的过程,不可否认,一些产业粗放的发展方式及产业结构调整的局限是主要原因之一。如上所述,城镇化进程与产业发展之间关系紧密,尤其会为生产或生活领域带来规模效应与结构效应,进而显著影响生产能耗的碳排放。可见,在产业视域下研究城镇化发展的碳排放效应,分析其内在机制,对于实现我国城镇与低碳产业经济和谐发展具有重大意义。

(3)在城镇化背景下,我国目前已迈进"三、二、一"产业结构时期,碳排放的增长势头得到有效控制。不同省域或市域之间,第三产业占比差异性较大;一般而言,区域辐射力同第三产业的比重或产值成正比,故第三产业产值和比重是衡量区域经济结构优化度及自身竞争力的重要参考指标。由于受到自身要素禀赋与区域环境的约束,各地区或省域产业结构的演进速度与所处阶段不尽相同。就第三产业增加值占 GDP 的比重而言,东部各省的整体水平要高于其他各省,位列全国前三位的依次为北京、上海和天津,从第三产业的整体发展水平来看,东北地区、西部地区和中部地区依次排列在东部地区之后。与此同时,我国城镇化格局完成了从"北高南低"到"东高西低"的转变,四大区域的城镇化率均值水平呈现较大的差异,由大到小依次为:东部地区、东北地区、中部地区和西部地区。可见,城镇化发展与产业发展及结构性调整的区域分布情况基本一致,说明两者之间存在必然的深层次的联系。

(4)随着城镇化进程的加快,我国或区域产业结构不断优化升级,首先是第二产业比例超过第一产业,然后是第三产业比重在持续上涨,超越第二产业。与此同时,能源消耗与碳排放增长势头逐步得到控制,增速明显降低,这说明:总体上,产业结构调整可能对碳排放具有一定的影响力。虽然碳排放量较大的省域集中在东部地区,然而,碳排放强度较高的省域更多集中在西部地区,中部和东北地区居中,最后是东部地区。可见,产业结构高级化程度高的地区或省域的碳排放量未必低,这是受到经济总量、资源禀赋、要素投入等地域因素影响的结果;不过,一般而言,全国或区域的第三产业比重越大(即产业结构高级化程度越高),越会促进碳排放强度的降低。由上可知,推动产业发展及结构性升级的城镇化演进过程必然为低碳经济发展带来巨大的机遇与挑战。

## 3.4　本章小结

基于图表统计分析方法,本章阐述了我国城镇化发展、产业结构与碳排放的变化趋势及地域分布特征,并初步判断其间的关联性。结果表明:基本符合经济发展规律,随着城镇化发展进程,我国内地各省产业结构的演进趋势总体遵循良性发展方向。到2012年,我国第一产业在国民经济中的比重已经下降到约10%,工业化基本实现,而城镇化和工业化在带来经济快速发展的同时,还肩负起了反哺农业和带动农村发展的重任。在城镇化背景下,产业结构的演进速度与高级化水平呈现区域差异特征。从四大经济板块来看,东部地区产业发展迅速,产业高级化程度及工业化综合指数一直处于领先,其次为东北地区,中部和西部地区的发展相对落后。而城镇化发展进程与产业结构演进历程基本一致且相互融合,两者之间相互联系又相互制约;一般来说,城镇化率高的区域第三产业比重较大,即产业高级化水平较高,从而有助于碳排放强度的降低。我国的碳排放总量仍维持在较高水平上,但增速在显著回落,全国或区域的碳排放强度均在不断下降,总之,碳排放增长已得到有效控制。这从一个侧面反映:依托于城镇化与产业发展的良性互动关系,继续优化当前产业结构,从根本上改变不可持续的粗放发展方式是十分必要和重要的。在新型城镇化发展阶段,不仅需要关注特殊时期的"保增长"问题,更要为未来的持续发展"保质量""调结构"。

# 第 4 章 基于动态空间面板模型中国城镇化碳排放效应的实证分析

## 4.1 问题的提出

为应对全球气候变化,发挥 2015 年底巴黎气候大会召开的引领作用,我国自主决定贡献的二氧化碳减排目标:到 2030 年单位 GDP 二氧化碳排放比 2005 年下降 60% ~ 65%。根据经典经济发展理论,经济发展本身也是一个城镇化、工业化加深和城乡差距缩小的过程。而据国务院研发中心发布的数据,城镇化率每增加 1%,能源消耗量会至少上升 6 亿吨标准煤。截至 2017 年底,我国城镇化率已由 1990 年的 26.41% 上升至 58.52%,当年总能耗达 3.59 亿吨标准煤,在全球位列第一。可见,城镇化进程的加快给节能减排目标的实现带来巨大的压力与挑战。

近些年,越来越多的研究开始涉及城镇化与碳排放的关系,基本情况如下:① 研究的地理范畴可以是多个国家、某个国家或地区,甚至某一省份或城市(Yu Liu 等,2014;Sahbi Farhani 和 Ilhan Ozturk,2015;陶爱萍等,2016)。② 关于所采用的方法或模型,最常见的是改进 STIRPAT 模型、库兹涅茨曲线、格兰杰因果关系检验等(Wang,2014;王世进,2017),此外,还有 LMDI 指数模型(Feng K S 等,2009;Xu S C 等,2014;刘丙泉等,

2016）、非参数可加回归模型（Bin Xu 和 Boqiang Lin，2015）、误差修正模型（胡雷和王军锋，2016）等。③ 研究结论不尽相同，城镇化率的提升对于碳排放的影响方向问题成为争论的焦点。总体来看，现有研究尚待补充与完善之处，包括：① 多数研究不专门针对城镇化与碳排放关系，而只是在研究碳排放影响因素时对此有所涉及，难以实现全面而深入的分析。② 即使是专注于这一问题的研究，多数也没能体现出城镇化的碳排放效应在国内各区域间的差异性及关联性，且忽视了这一效应可能呈现的动态性与延续性特征。③ 在分析模型中，将城镇化水平简单地等同于城镇化率高低是不够全面的，很可能造成效应评价结果的偏差。

本章基于 STIRPAT 模型和动态空间面板数据模型，根据 2002—2016 年省域面板数据，实证分析中国城镇化的碳排放效应并提出相应的对策和建议。本研究与以往研究的不同主要体现在模型构建与变量设置方面，采用的模型同时具备空间相关性与动态性特征，并且，为从另一侧面反映城镇化发展情况，除城镇化率以外还纳入新的变量——城市首位度，来表示城市规模分布的变化。可见，在低碳城镇化的区域协作与城市规模控制方面，本章能提供更有用、更具针对性的线索与启发，并最终为中国城镇化碳排放效应的应对机制及其实现路径提供有价值的理论参考。

## 4.2  模型构建

### 4.2.1  基本模型

20 世纪 70 年代，IPAT 模型（$I = P \times A \times T$）由 Ehrlich 和 Holden（1971）提出，式中的 $I$、$P$、$A$ 和 $T$ 分别代表环境效应、人口、人均财富和技术水平。之后，Dietz 和 Rose（2003）又提出其随机形式，即 STIRPAT 模型（$I = aP^b A^c T^d e$），其中，$a$ 为模型的系数，$b$、$c$、$d$ 为各驱动力指数，$e$ 为误差。该模型可转化为

$$\ln I = \ln a + b(\ln P) + c(\ln A) + d(\ln T) + \ln e \tag{4-1}$$

为测度城镇化对碳排放的影响效应，拓展模型（4-1）时重点纳入城镇化的相关变量，可得：

$$\ln I_{it} = \ln a + b(\ln P_{it}) + c(\ln A_{it}) + d(\ln T_{it}) + f(\ln S_{it}) + g(\ln UR_{it}) +$$
$$h(\ln US_{it}) + \ln e_{it} \tag{4-2}$$

式中,$S$ 表示产业结构变动指标,$UR$ 代表城镇化率水平,$US$ 是城市规模分布变量,$f$、$g$ 和 $h$ 分别是 $S$、$UR$ 和 $US$ 的系数,$i$ 和 $t$ 则分别代表省域和年份。

本章对模型(4-2)中变量的定义如表 4-1 所示。另外,有两点需要说明:① 碳排放总量 $I$ 是指人类活动引起的碳排放,大约占总排放的90%以上。IPCC 中介绍了三种方法测算固定和移动源的石化燃料燃烧碳排放,本章采用第一种方法:根据燃烧的燃料数量和缺省排放因子来估算二氧化碳排放量。该方法的测算或多或少存在准确性不足的问题,但因其具备简单易行、对数据要求不高的优势,故而被采用。② 除通常采用的城镇化率变量以外,新增城市规模分布变量,从另一个侧面反映城镇化发展情况,该变量用城市首位度指数 $US$ 来表示。Mark Jefferson(1939)最先提出城市首位律,作为对国家城市规模分布规律的概括。在全球各地,首位城市通常是一个国家的首都或一个行政区域的省会城市,在大多数情况下是一定地理范围内的经济、政治与文化的交汇中心,集聚了大量的有形和无形资源,更重要的是,这些城市对于周边城市有巨大的、多方面的影响力。此外,Mark Jefferson 构建的城市首位度指数能够清晰明了地概括城镇规模分布情况。为简化计算、方便理解,他提出"两城市指数法",即采用首位城市与第二位城市的人口规模之比的计算方法。目前,该方法已被广泛应用于城市地理学的研究中,尤其在城镇规模分布的研究领域。

表 4-1　模型(4-2)中各变量的定义

| 变量 | 定义 | 测度单位 |
| --- | --- | --- |
| $I$ | 碳排放总量 | 万吨 |
| $P$ | 年末人口总量 | 万人 |
| $A$ | 人均 GDP | 元 |
| $T$ | 能源强度(能源消费总量/GDP) | 吨标准煤/万元 |
| $S$ | 产业结构(第三产业增加值占 GDP 的比重) | 百分比 |
| $UR$ | 城镇化率(城镇人口占总人口的比重) | 百分比 |
| $US$ | 城市首位度指数(首位城市与第二位城市的人口规模之比) | 百分比 |

### 4.2.2　实证分析模型

（1）经典空间面板自回归模型简介

空间自回归模型有两种基本形式：空间滞后模型（Spatial Autoregressive Model，SAM）和空间误差模型（Spatial Error Model，SER）。

空间滞后模型主要探讨各变量在某个省域（或地区）是否存在空间溢出效应，其表达式为

$$Y = \rho WY + X\beta + \varepsilon \tag{4-3}$$

式中，$Y$ 为因变量；$X$ 为 $n \times k$ 的自变量矩阵，$W$ 为 $n \times n$ 阶的空间权值矩阵，$n$ 为省域或区域个数，$k$ 为影响因素的个数；$\rho$ 为空间自回归系数，反映样本观测值中的空间依赖作用；$WY$ 为空间滞后因变量；$\varepsilon$ 为随机误差项向量；参数 $\beta$ 反映自变量 $X$ 对因变量 $Y$ 的影响。

空间误差模型主要用于度量邻近省域（或地区）因变量的误差冲击对本省域（或地区）观测值的影响程度，其一般表达式为

$$Y = X\beta + \varepsilon \tag{4-4}$$

$$\varepsilon = \lambda W\varepsilon + \mu \tag{4-5}$$

$$\mu \sim N(0, \sigma^2 H) \tag{4-6}$$

由式（4-5）可得 $\varepsilon = (H - \lambda W)^{-1}\mu$，其中，$H$ 为 $n$ 阶单位矩阵，$\lambda$ 为空间误差系数，用于衡量样本观测值的空间依赖作用；该空间误差模型结合了一个标准回归模型和一个误差项 $\varepsilon$ 中的空间自回归模型，并且假设 $\mu$ 为正态分布的随机误差项向量，满足条件 $E(\mu) = 0$、$\mathrm{Cov}(\mu) = \sigma^2 H$；根据多元正态变量的性质可知，正态随机向量的线性函数还是正态的，因而满足式（4-6）的随机误差项向量 $\varepsilon$ 也符合正态分布；其余变量或参数含义同式（4-3）。

上述基本模型是针对截面数据的，忽略主体差异和时间因素的影响，将面板数据引入空间模型，扩大样本量，增加自由度，从而提高估计效率。Elhorst（2003）提出了包括固定效应、随机效应、固定参数、随机参数模型在内的面板数据估计方法。当样本是随机地抽取自所考察的总体时，设定随机效应模型更为恰当。其中，固定效应主要包括两类非观测的效应——空间固定效应和时间固定效应，两者反映了某些背景变量对平稳

状态的影响。不同的是,前者是随区位变化,但不随时间变化的变量所产生的,也可称为地区固定效应;后者是随时间变化,但不随区位变化的变量所产生的。将两种固定效应的影响分别纳入空间滞后模型和空间误差模型,可得到下列模型:

固定效应的空间滞后模型:$Y = \rho(H_T \otimes W)Y + X\beta + \eta + \delta + \varepsilon$　　(4-7)

固定效应的空间误差模型:$Y = X\beta + \eta + \delta + \mu$, $\mu = \lambda(H_T \otimes W)\mu + \varepsilon$

$$(4-8)$$

式中,$H_T \otimes W$ 是矩阵的克罗内克积,$H_T$ 是 $T \times T$ 的单位矩阵,$W$ 为 $N \times N$ 的空间权重矩阵,即通过 $H_T$ 将 $W$ 拓展为 $NT \times NT$ 的分块对角矩阵,便于将面板数据应用于空间计量分析;$N$ 和 $T$ 在本章表示研究对象为 $N$ 个省域(或地区),时间跨度为 $T$ 个时期。$\eta = i_T \otimes sF$,$\delta = tF \otimes i_N$ 也都表示矩阵的克罗内克积,分别对应每个观测值的地区固定效应列向量和时间固定效应列向量,其中,$i_T$ 和 $i_N$ 分别是 $T$ 维和 $N$ 维元素全为 1 的列向量,而 $sF = (\alpha_1, \alpha_2, \cdots, \alpha_N)^T$,$tF = (\delta_1, \delta_2, \cdots, \delta_T)^T$ 分别为地区固定效应的 $N$ 维列向量和时间固定效应的 $T$ 维列向量。因变量 $Y$ 为 $NT$ 维列向量,自变量 $X$ 为 $NT \times k$ 的矩阵,$k$ 表示自变量个数,即碳排放影响因素的个数。其余参数的含义同前。

对于实证模型(4-7)和(4-8),若略去参数 $\eta$,就构成时间固定效应的空间滞后、误差模型;若略去参数 $\delta$,就构成地区固定效应的空间滞后、误差模型。

由于存在空间滞后误差项和空间滞后被解释变量,对于空间计量模型的估计,若采用普通最小二乘法,系数的估计值是无偏的,但不再有效,需要通过工具变量法、极大似然值法或广义最小二乘估计等进行。采用极大似然法(ML)来估计,是针对截面数据设计的;在空间权重矩阵维数很大时,可用蒙特卡罗方法来近似对数似然函数中雅克比行列式的自然对数(Barry 等,1999),将模型进行化简,结果如下:

① 空间滞后模型的一般简化形式:

$$L = T\ln|H_N - \rho W_N| - \frac{1}{2}\ln|\Sigma| - \frac{1}{2}\varepsilon'\Sigma^{-1}\varepsilon \qquad (4-9)$$

其中，$\boldsymbol{\varepsilon} \sim N(0, \boldsymbol{\Sigma})$，$\boldsymbol{\varepsilon} = \boldsymbol{y} - \rho(\boldsymbol{H}_T \otimes \boldsymbol{W}_N)\boldsymbol{y} - \boldsymbol{X}\beta$，$|\boldsymbol{H}_T \otimes (\boldsymbol{H}_N - \rho\boldsymbol{W}_N)|$ 为空间转换的雅克比行列式，将 $\boldsymbol{\Sigma} = E(\boldsymbol{\varepsilon}'\boldsymbol{\varepsilon}) = \sigma_u^2(\boldsymbol{i}_T\boldsymbol{i}_T' \otimes \boldsymbol{H}_N) + \sigma_u\boldsymbol{H}_{NT}$，代入式 (4-9)，可得：

$$L = T\ln|\boldsymbol{H}_N - \rho\boldsymbol{W}_N| - \frac{1}{2}\ln|\sigma_u^2(\boldsymbol{i}_T\boldsymbol{i}_T' \otimes \boldsymbol{H}_N) + \sigma_u\boldsymbol{H}_{NT}| -$$

$$\frac{1}{2}\boldsymbol{\varepsilon}'\left[\sigma_u^2(\boldsymbol{i}_T\boldsymbol{i}_T' \otimes \boldsymbol{H}_N) + \sigma_u\boldsymbol{H}_{NT}\right]^{-1}\boldsymbol{\varepsilon} \qquad (4\text{-}10)$$

此外，矩阵的分块对角结构能被用来将表达式 $T\ln|\boldsymbol{H}_N - \rho\boldsymbol{W}_N|$ 简化为 $\sum_t \ln|\boldsymbol{H}_N - \rho_t\boldsymbol{W}_N|$，并将误差项协方差矩阵 $\boldsymbol{\Sigma} = E(\boldsymbol{\varepsilon}'\boldsymbol{\varepsilon}) = \boldsymbol{\Sigma}_T \otimes \boldsymbol{H}_N$ 代入公式 (4-9)，得到：

$$L = \sum_t \ln|\boldsymbol{H}_N - \rho_t\boldsymbol{W}_N| - \frac{N}{2}\ln|\boldsymbol{\Sigma}_T| - \frac{1}{2}\boldsymbol{\varepsilon}'(\boldsymbol{\Sigma}_T^{-1} \otimes \boldsymbol{H}_N)\boldsymbol{\varepsilon}$$

$$(4\text{-}11)$$

式中，$\boldsymbol{\varepsilon} = \left[\boldsymbol{H}_{NT} - (\boldsymbol{R}_T \otimes \boldsymbol{W}_N)\right]\boldsymbol{y} - \boldsymbol{X}\beta$。

② 类似地，对于空间误差模型，若忽略常数项，且 $\boldsymbol{\varepsilon} \sim N(0, \boldsymbol{\Sigma})$，似然函数可简化为

$$L = T\ln|\boldsymbol{\Sigma}| - \frac{1}{2}\ln|\boldsymbol{\Sigma}| - \frac{1}{2}\boldsymbol{\varepsilon}'\boldsymbol{\Sigma}^{-1}\boldsymbol{\varepsilon} \qquad (4\text{-}12)$$

详细推导过程不再赘述，可参见 Luc Anselin 等人的相关著作。

（2）动态空间面板数据模型构建与变量说明

随着面板数据被引入计量经济学中，面板数据模型很快在社会科学研究领域得以广泛运用，为添加动态因素，进一步纳入滞后因变量，就构成动态面板数据模型。这类模型既能通过控制固定效应较好地克服变量遗漏，又能够较好地解决反向因果性问题。其基本形式如下：

$$\boldsymbol{y}_{it} = \alpha\boldsymbol{y}_{i,t-1} + \boldsymbol{x}_{it}\beta + \boldsymbol{u}_i + \boldsymbol{\varepsilon}_{it} \qquad (4\text{-}13)$$

式中，$\boldsymbol{y}$ 和 $\boldsymbol{x}$ 分别代表因变量和自变量，$\alpha$ 和 $\beta$ 分别是 $\boldsymbol{y}$ 和 $\boldsymbol{x}$ 的系数，$\boldsymbol{u}_i$ 表示未被观察到的定常异质性，$\boldsymbol{\varepsilon}_{it}$ 是特质误差项（$i = 1, \cdots, N; t = 1, \cdots, T$），并且满足 $\boldsymbol{u}_i \sim IDD(0, \sigma_u^2)$，$\boldsymbol{\varepsilon}_{it} \sim IDD(0, \sigma_\varepsilon^2)$。假设 $y_{i0}$ 和 $x_{i0}$ 是可观测的。与一般面板数据模型类似，动态的面板数据模型也包含两类，当 $\boldsymbol{u}_i$ 待估的是固定参数时，该模型是固定效应模型；若 $\boldsymbol{u}_i$ 是随机的，则其为随机效应

模型。

Elhorst(2003)将动态面板数据模型与空间残差自回归形式相结合，建立了一种动态空间误差面板数据模型：

$$y_{it} = \alpha y_{i,t-1} + \boldsymbol{x}_{it}\boldsymbol{\beta} + \boldsymbol{u}_i + \boldsymbol{\varepsilon}_{it}$$

$$\boldsymbol{\mu}_{it} = \lambda \sum_{j=1}^{N} w_{ij}\boldsymbol{\mu}_{it} + \boldsymbol{\varepsilon}_{it} \qquad (4\text{-}14)$$

若仅将空间自相关性变量纳入该动态面板数据模型，可得一种动态空间滞后面板数据模型：

$$y_{it} = \lambda \sum_{j=1}^{N} w_{ij}y_{it} + \alpha y_{i,t-1} + \boldsymbol{x}_{it}\boldsymbol{\beta} + \boldsymbol{u}_i + \boldsymbol{\varepsilon}_{it} \qquad (4\text{-}15)$$

模型(4-14)和(4-15)中，$t = 1, 2, \cdots, T$；$i$ 和 $j$ 都代表省份，$i = 1, 2, \cdots, N$；$j = 1, 2, \cdots, N$；$w_{ij}$ 为 $n \times n$ 阶的空间权值矩阵 $\boldsymbol{W}$ 中的某个元素。令模型(4-14)和(4-15)中 $\boldsymbol{x}_{it} = (\ln P_{it}, \ln A_{it}, \ln T_{it}, \ln S_{it}, \ln UR_{it}, \ln US_{it})$，可得两种实证分析模型。上文已提到 $\boldsymbol{u}_i$ 既可表示固定效应，亦可指随机效应。实际上，当样本是随机抽取自考察总体时，随机效应模型更适用，但本章回归分析针对的是中国省级区划单位这些特定个体，采用固定效应模型更为合适。因此，这里 $\boldsymbol{u}_i$ 为固定效应，且存在 3 种可能的情况：地区固定效应、时间固定效应或时间地区固定效应，分别与模型(4-14)和(4-15)结合，可构建 6 种实证模型形式，下文将采取 LMerr、LMsar 及其稳健形式的统计检验法对其进行初步的筛选。

除了全局(局域)空间相关指数 Moran's I、Geary C 以外，LMerr、LMsar 及其稳健形式 R – LMerr、R – LMsar、Lratios、Walds、BP 值等统计量检验也能用于空间相关性和异方差性的检验，其中，LMerr、LMsar 及其稳健形式 R – LMsar 、R – LMerr 检测还可为模型设定提供线索。目前通行的做法是先用 OLS 方法估计不考虑空间相关性的受约束模型，然后进行空间相关性检验，如果 LMsar (或 LMerr) 比 LMerr (或 LMsar)统计量更显著，那么恰当的模型是空间滞后模型(或空间误差模型)。Anselin 和 Rey 利用蒙特卡罗实验方法证明，这种方法能够为空间计量经济模型的选择提供很好的指导。但是，这些检验都是针对截面数据的，不能直接用于面板数据模型,用分块对角矩阵 $I_T \otimes W$ 代替统计量计算公式中的空间权重矩阵,可以方便地把这些检验扩展到面板数据分析(何江,张馨之,2006)。

（3）空间权重矩阵构建

空间权重矩阵表征空间单元之间的相互依赖性与关联程度,设置的空间权重矩阵是否合理直接影响到空间计量分析结果的优劣。常见的空间权重矩阵构造方法大体分为基于邻接标准和基于距离标准两类,前者的定义为:当两区域相邻时,系数设为 1,否则为 0。尽管该方法已被广泛采用,但存在明显缺陷:根据地理学第一定律,人类行为与所在地区有绝对的影响,区域距离越近,相互作用的程度越强,那么,仅仅按照区域间相邻与否将关联性简单分为 0 和 1 两种强度,既不符合客观实际,也不适用于诸多经济模型。

因这一关联程度应是渐变的,故本章采用反距离平方法构建空间权重矩阵 $W$,令 $w_{ij} = \begin{cases} 1/d^2, & i \neq j \\ 0, & i = j \end{cases}$,其中,$d$ 表示第 $i$ 省与第 $j$ 省中心位置之间的欧几里得距离,该距离根据国家地理信息系统网站提供的 1:400 万电子地图,利用 GeoDa 095i 软件测得。另外,模型估算时需对 $W$ 进行行标准化处理,即用各元素除以所在行的行元素之和,可使每行元素之和为 1。

# 4.3　参数估计与数据来源

为估计静态空间面板数据模型,普通最小二乘法(Ordinary Least Square,OLS)的运用会带来偏差和不一致的结果,而极大似然法(Maximum Likelihood,ML)能较好地解决这个问题,故已被广泛运用。然而,在动态模型构建之初其估算方法并未被同时提出,这在一定程度上阻碍了该模型在更多领域的推广运用。2000 年以来,有两种途径来解决这一问题:一是用一些专门的方法先剔除空间相关性,如 Griffith 法和 Getis 法,再利用传统的面板数据估算技术;二是利用改进的传统极大似然法。根据非空间动态面板数据模型的估计思路,J. Paul Elhorst(2005)提出用无条件极大似然法估计线性和对数线性的空间面板数据的动态模型。即为了克服与传统最小二乘虚拟估计量不一致的问题,对模型进行一阶差分处理以消除固定效应,然后,考虑到一阶差分观测值在每个空间单元的密度函数导出无条件似然函数。已被证明的是:当 $N \to \infty$,$t$ 为任意值时,标量 $\alpha$ 和参数向量 $\boldsymbol{\beta}$ 具有相容估计量,并且,ML 估计比 GMM 估计(Hsaio, Pesaran 和 Tahmiscioglu, 2002)更有效率。第一种估计法能被用于消除空间相关性却无法表明空间因素对模型的影响程度。考虑到上述原因,本章采用 J. Paul Elhorst 提出的无条件极大似然法估计基于 STIRPAT 拓展模型的动态空间面板模型。

为确保数据的可获性、完整性与连续性,本章采用中国 29 个省级区划 2002—2016 年的面板数据,其中港澳台地区、青海和西藏的数据未被包括,这是因为其资料不够完整。主要数据来源于由中国统计局出版的相关年份的《中国统计年鉴》、《中国能源统计年鉴》、各省级区划统计年鉴等。

## 4.4　实证结果分析

### 4.4.1　空间相关性检验

为了检验空间自相关性,即观测同一变量在不同空间区域上的相关性,下文借助全局空间自相关指数(Moran's I)来整体描述碳排放的空间分布模式,同时使用空间相关局域指数(Local Indicator of Spatial Association, LISA)反映空间要素的异质性,而 LISA 本质上是将 Moran's I 分解到各个区域单元的结果,故又称为局域 Moran's I。上述两种指数的计算公式及推导过程如下:

(1)全局空间相关性检验结果

首先,需要采用全局空间自相关指数和空间相关局域指数来检验因变量是否存在空间自相关性,前者用于整体刻画碳排放的空间分布模式,后者用于把握空间要素的异质性特性。在空间统计学领域内,空间自相关性是检验某一要素的属性值是否显著地与其相邻空间点上的属性值相关联的重要方法。Moran's I 是常用的全局空间自相关性指标,其定义为

$$Moran's\ I = \frac{\sum\limits_{i=1}^{n}\sum\limits_{j=1}^{n}W_{ij}(Y_i - \overline{Y})(Y_j - \overline{Y})}{\frac{1}{n}\sum\limits_{i=1}^{n}(Y_i - \overline{Y})^2 \sum\limits_{i=1}^{n}\sum\limits_{j=1}^{n}W_{ij}} \tag{4-16}$$

$$(i,j = 1,2,\cdots,n)$$

式中，$\overline{Y} = \frac{1}{n}\sum\limits_{i=1}^{n}Y_i$，$Y_i$、$Y_j$ 分别代表第 $i$ 和第 $j$ 省域（或地区）二氧化碳排放总量的测算值，$n$ 为省域（或地区）总数。$W_{ij}$ 是空间权重矩阵 $W$ 中的任一元素，表示任意两个空间单元（即区域）之间的相互依赖性与关联程度。

Moran's I 的值在 $-1$ 到 1 之间，当其符号为正时，表示各区域间为空间正相关；当其符号为负时，表示各区域间为空间负相关；当其值等于 0 时，说明各区域无空间关联性，且绝对值越大关联性越强。同时，根据空间数据分布可以计算出在正态假设条件下 Moran's I 的期望值 $E(I)$、方差 $\mathrm{var}(I)$、标准差 $SE(I)$ 和标准化 Z 值：

$$E(I) = -\frac{1}{n-1} \tag{4-17}$$

$$\mathrm{var}(I) = \frac{n^2 W_1 + n W_2 + 3 W_0^2}{W_0^2(n^2-1)} - E^2(I) \tag{4-18}$$

$$SE(I) = \sqrt{\mathrm{var}(I)} \tag{4-19}$$

$$z(I) = \frac{I - E(I)}{SE(I)} \tag{4-20}$$

式中，$W_0 = \sum\limits_{i=1}^{n}\sum\limits_{j=1}^{n}W_{ij}$，$W_1 = \frac{1}{2}\sum\limits_{i=1}^{n}\sum\limits_{j=1}^{n}(W_{ij} + W_{ji})^2$，$W_2 = \sum\limits_{i=1}^{n}(W_{i\cdot} + W_{\cdot j})^2$，$W_{i\cdot}$ 和 $W_{\cdot j}$ 分别为空间权值矩阵 $W$ 中第 $i$ 行和第 $j$ 列之和；标准化 Z 值即 $z(I)$ 用以检验 $n$ 个区域是否存在空间自相关关系。

（2）局域空间相关性检验结果

全局空间自相关性检验是以空间同质假定为基础的，但事实上，区域要素的空间异质性并不少见，局域空间自相关分析则有助于准确把握空间要素的异质性特性，其常用的衡量指标是局域 Moran's I。该指标被 Anselin 称为 LISA（即空间联系局域指标），本质上是将 Moran's I 分解到各个区域单元。对于某个空间单元 $i$（即省域或地区 $i$），计算公式为

$$I_i = \frac{Y_i - \bar{Y}}{V_1} \sum_{j=1}^{n} W_{ij}(Y_i - \bar{Y}) \qquad (4\text{-}21)$$

式中，$V_1 = \dfrac{\displaystyle\sum_{\substack{j=1 \\ i \neq j}}^{n} Y_j^2}{(n-1)} \bar{Y}^2$。

LISA 的检验：

$$z(I_i) = \frac{I_i - E(I_i)}{SE(I_i)}$$

$$SE(I_i) = \sqrt{\operatorname{var}(I_i)} \qquad (4\text{-}22)$$

标准化的局部统计指标可以用来进行"热点"判别，发现区域性空间集聚特征及全局空间相关性中的局部空间背离特征（Getiset et al，1992）。通过绘制 Moran 散点图或 LISA 集聚图，可将各省碳排放量分为 4 种类型的分布模式：① HH（High-High）型，即高观测值单元被同是高值的单元所包围的空间联系形式；② LL（Low-Low）型，指低观测值单元被低值单元所包围的空间联系形式；③ LH（Low-High）型，表示低观测值单元被高值单元所包围的空间联系形式；④ HL（High-Low），即高观测值单元被低值单元所包围的空间联系形式。其中，HH 型和 LL 型属于正的空间相关性，表示相似特征碳排放的省域相邻；相反，LH 型和 HL 型属于负的空间相关性，表示差异特征碳排放的省域相邻。

如图 4-1 所示，Moran's I 值在 2003—2016 年间波动不大，基本保持在 0.16~0.21 之间，显著性水平始终低于 5%。具体来说，Moran's I 值在经历 2002—2004 年间的显著下降以后开始明显上升，于 2008 年达到最大值 0.2010，之后又有小幅的回落，但总体上波动不大、较为稳定。可见，各省域的碳排放整体呈现较强的正相关关系，即碳排放量较高的省域或地区相对的相互邻接，而具有较低碳排放的省域或地区也相对地相互靠近，目前这种空间维度的相关性仍停留在较高水平。因此，碳排放的空间分布并不是完全独立的，这种空间溢出效应的存在会使某个省域碳排放受到其相邻省域碳排放的影响。

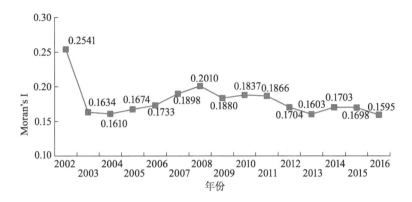

**图 4-1　2002—2016 年我国省域总能耗碳排放的 Moran's I 值**

利用 GeoDa 软件绘制 2002—2016 各年 LISA 集聚图（图略），是一种局域空间自相关分析方法，有助于准确把握空间要素的异质性特性。同样，HH 型和 LL 型属于正的空间相关性，HL 型和 LH 型属于负的空间相关性，当然这种空间相关性是在局域发生的。根据所得 LISA 集聚图发现：辽宁、内蒙古、河北、江苏、山东、贵州、广西、海南等部分省域碳排放之间存在不容忽视的空间维度异质性与依赖性；尽管在青海、安徽、吉林等少数省域的情况有所变化，但 HH、LL、LH 和 HL 型各类集聚区的总体分布变化不大。具体来看，大部分具有较高局部 Moran's I 值的热点区（即 HH 型集聚区）分布在江苏、山东、河北、山西、河南、辽宁和内蒙古等地，地理位置较为集中，主要位于中国的北部、东北部和东部，而这些省域及其邻省都产生较大的碳排放量。同时，LL 型集聚区的盲点区大部分分布在青海、贵州、广西和海南等省域，因为这些省域及其邻域的碳排放量相对较低。因此，相对其他地域，属于热点区或盲点区的省域在碳排放方面具有较小的空间异质性和较强的正相关性。被热点区包围的省域（如吉林和天津）多数情况下属于 LH 类型，这类地区的碳排放量要小于其相邻区域。此外，经济发展更快的广东省比其周边地区（包括广西、江西、湖南等省域）产生更多的碳排放，故属于 HL 型集聚区。HL 型和 LH 集聚区都表示负空间自相关性的存在。

另外，还有一些区域（包括西藏、江西、湖北等地）没能通过显著性检验。这说明：因为各种原因，这些省域与其邻省之间碳排放的相关性非常弱。例如，西藏的数据不可获在一定程度上造成其相邻省域统计结果的不显著。就江西、湖北等省而言，它们周边区域的碳排放值要么远高于本地的排放值，要么远低于本地的值，因而其局域空间相关性的检验结果不显著，而根本原因是经济增长与能源消耗在这些区域及其周边地区的分布不够均衡。

### 4.4.2 LMerr、LMsar 及其稳健形式的统计检验

在固定效应的空间面板数据模型中，截距项能分解为时间固定效应、地区固定效应和时间地区固定效应。假定三种效应均可能分别存在于模型中，从而构成一系列不同形式的模型，为对其进行有效筛选，估算 LMerr、LMsar 及其稳健形式的统计量，如表4-2所示。以时间固定效应的面板数据模型为例，LMsar 和 R - LMsar 的统计量分别等于 9.0905 和 8.7528 且远大于 LMerr 和 R - LMerr 的统计量 0.7597 和 0.4221，这说明当包含时间固定效应时，选择空间滞后面板数据模型形式更贴近研究现实。以此类推，能够将其余两种模型选定为：含地区固定效应的空间滞后面板数据模型和含地区时间固定效应的空间误差面板数据模型。

表4-2　不同模型的空间依赖性诊断

| 检验方法<br>模型特征 | LMsar | R-LMsar | LMerr | R-LMerr | 模型形式选择 |
|---|---|---|---|---|---|
| 含时间固定效应 | 9.0905<br>(0.003) | 8.7528<br>(0.003) | 0.7597<br>(0.383) | 0.4221<br>(0.516) | 空间滞后面板<br>数据模型 |
| 含地区固定效应 | 76.3284<br>(0.000) | 262.2020<br>(0.000) | 2.2664<br>(0.132) | 188.1400<br>(0.000) | 空间滞后面板<br>数据模型 |
| 含地区时间固定效应 | 0.1474<br>(0.701) | 0.4842<br>(0.487) | 0.4482<br>(0.503) | 0.7851<br>(0.376) | 空间误差面板<br>数据模型 |

### 4.4.3 模型估计结果分析

不同固定效应的动态空间误差或滞后面板模型的估算结果如表4-3所示。由 $R^2$、$\sigma^2$ 和对数似然值（log-likelihood）、各模型估算的变量系数及其显著性水平来看，时间固定效应的动态空间滞后面板数据模型要明显

优于其他模型,说明碳排放在我国区域分布具有的阶段性或时间性特征要强于区域性特征,即时间固定效应的动态空间滞后面板数据模型能更加贴切地描述碳排放量和城镇化水平之间的关系,故下文分析均针对这一模型的估计结果。

表 4-3　动态空间面板数据实证模型的估计结果

| 变量 | 动态空间滞后面板数据模型 | | | | 动态空间误差面板数据模型 | |
|---|---|---|---|---|---|---|
| | 地区固定效应 | | 时间固定效应 | | 地区时间固定效应 | |
| | 系数 | $T$ 统计值 | 系数 | $T$ 统计值 | 系数 | $T$ 统计值 |
| $y_{-1}$ | 1. 161 *** | 11. 78 | 0. 233 *** | 5. 57 | 0. 031 | 0. 75 |
| $P$ | 0. 422 | 0. 71 | 0. 676 *** | 8. 83 | − 0. 651 *** | − 3. 73 |
| $A$ | 0. 022 | 0. 43 | 0. 396 *** | 8. 72 | 0. 058 * | 1. 80 |
| $T$ | 0. 235 * | 1. 64 | 0. 523 *** | 5. 61 | 1. 061 *** | 10. 52 |
| $S$ | 0. 042 | 0. 28 | − 0. 237 * | − 1. 72 | − 0. 245 ** | − 2. 10 |
| $UR$ | − 0. 014 | − 0. 22 | − 0. 150 ** | − 2. 88 | − 0. 117 ** | − 2. 15 |
| $US$ | − 0. 297 *** | − 5. 34 | 0. 253 *** | 3. 92 | − 0. 367 *** | − 5. 32 |
| $\lambda$ | 0. 171 *** | 9. 51 | 0. 114 ** | 2. 79 | − 0. 072 | − 1. 03 |
| $R^2$ | 0. 886 | | 0. 954 | | 0. 944 | |
| $\sigma^2$ | 0. 032 | | 0. 022 | | 0. 031 | |
| 对数似然值 | 127. 623 | | 235. 622 | | 229. 835 | |

注:① ＊、＊＊ 和 ＊＊＊ 分别表示显著性水平在 10%、5% 和 1% ;
　　② $y_{-1}$ 表示一阶滞后碳排放。

（1）关于滞后因变量

对于带时间固定效应的动态空间滞后面板模型,碳排放滞后项的系数是 0.233,显著性水平为 1% 。这表明滞后一期的碳排放增长对当期碳排放有显著的正向影响。由第 3 章的图 3-3 可知,除个别年份较上一年稍有下降之外,中国碳排放总量几乎每年都在增长,1996—2016 年间由40.9 亿吨增至 127.1 亿吨,年均增速达 5.82% ,在大多情况下年环比增速接近或超过 3% ,在 2004 年和 2005 年分别达到了 16.1% 和 17.3% 的最高值。碳排放量的趋势线所呈现的是一种连续、渐进且稳定的碳排量增长态势。

（2）关于空间自相关系数

空间自回归系数 λ 的估计值等于 0.114，显著性水平为 5%。这说明，周边地区碳排放的变化会导致本地区碳排放的同向变化。可见，加大对于某些省域的碳排放控制与治理，所产生的降碳效应会在一定程度上扩散到周边地区，在制定相关方针政策时应充分考虑到省域间碳排放的联动性，有效发挥省级政府环境规制在节能减排领域正面的外溢性。

（3）关于自变量城镇化率

自变量城镇化率的估计系数是 -0.150，显著性水平为 5%。这说明，城镇化率水平的提高显著抑制了碳排放增长。然而，这仅表示一种整体效应，并不意味着盲目提升城镇化率就能直接带来碳排放的下降。因为城镇化进程本身是一个涉及多个领域的复杂系统工程，而城镇化率只是从城市人口角度出发来衡量城镇化水平的一种指标，并不能全面反映城镇化进展情况，例如发展质量。实际上，很多与城镇化相关的因素会对碳排放产生直接或间接的不同方向的影响，这些影响力相互抵消或增强，最终形成总的碳排放效应并通过统计分析结果显现出来。总之，真正影响碳排放的是城镇化发展方式而非城镇人口增加本身。

如图 4-2 所示，我国城镇化率在 1978 年只有 17.9%，1995 年以来进入加速增长期，于 2016 年达到历史最高点 57.4%，此期间的增长趋势一直非常稳定。城镇化的发展会给生产、生活、政府行为等不同领域所涉及的诸多方面带来一系列的改变，而这些改变对于碳排放的影响可正可负，最终，总体效应的正负取决于不同方向影响力的合并结果。根据生态现代化理论，人均污染水平和城镇化率之间存在倒 U 形关系（Ehrhardt Martinez 等，2002；York 等，2003），即随着城镇化的不断发展，两者之间的关系先正后负。因此，在某些阶段，城镇化与碳排放可能正相关也可能负相关，这取决于城镇化的相关因素对碳排放不同作用力的合并结果。具体分析如下：

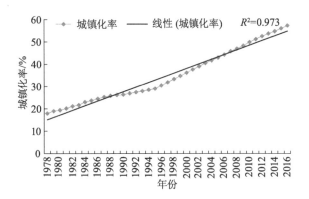

**图 4-2　1978—2016 年我国城镇化率**

（数据来源：相关年份的《中国统计年鉴》）

　　第一，在中国城镇化和老龄化的背景下，家庭规模的小型化和家庭形态的多样化趋势越来越明显。我国平均家庭规模在日益缩小，由 2002 年的 3.39 人/户降至 2016 年的 3.11 人/户，与此同时，城镇化率在快速增长。家庭规模通常被作为决定家庭碳排放量的一个重要因素，因为较大的家庭规模往往带来规模经济效益（Baiocchi 等，2010；Jones 和 Kammen，2011；Tukker 等，2010）。人们共享一处居所时通过共用电器节约能源，在取暖、制冷、烹饪等活动中会消耗更少的能源（Tukker 等，2010）。

　　第二，城镇化会影响相关产业的发展和产业结构调整。居民从农村到城镇的迁移会推动工业化进程。如图 4-3 所示，第一产业增加值占 GDP 的比重从 1996 年的 19.4% 降至 2016 年的 8.6%，农业就业人数所占比重也发生了类似的变化。1996—2011 年之间，工业增加值所占份额的变化相对较小，除在 2006 年略有下降之外总体稳定在 40% 左右，自 2012 年起下降趋势更为明显。然而，在城镇化发展阶段的限制下工业的主导地位更难以被动摇。与此同时，第三产业所占比重由 1996 年的 33.6% 增至 2016 年的 51.6%，同时，建筑业增加值所占比重的上升趋势近些年来更为明显。总的来说，与工业和建筑业相比，第三产业的能源强度较低，而与城镇化相关的产业结构调整会在诸多方面影响碳排放。随着工业吸纳就业的增加，农业就业人数所占比重由 1996 年的 50.5% 降至 2016 年的 27.7%。一方面，农业生产运营的机械化带来对人工需求的减少，而现代工业和制造业的劳动密集程度在减弱,单位能耗也在减少。另一方面,居民和产业向城镇的集聚推动了城镇化的进程,表现为城镇规模的扩大与数量的增加,导致需要更大量的建设工业房屋建筑、住宅建筑、城镇基础设施、市政运输工程等,增加对于建筑材料、冶金产品、机器设备等产品的需求,刺激对于房地产、金融、保险、物流等行业投资。故在此过程中,建筑业和第三产业所占比重都发生不同程度的上升。显然,城镇化在一定程度上推动了第三产业的发展,而该产业已经并将继续在节能工作中发挥日益重要的作用。

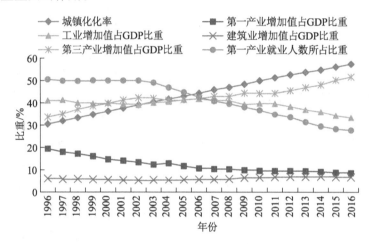

**图4-3　1996—2016年我国产业结构及第一产业就业人数占总就业人数比重**

第三,在城镇化进程中,越来越多的居民聚居于高层建筑、利用公共交通、选择能源密集程度低的交通运输方式,借助由此带来的规模经济优势,很多城镇对于能源的消耗有所减少。

第四,城镇化有助于增加城镇和农村居民的工资,改善他们的生活水平,但是带来更多的能源消耗。具体来说,农村人口、信息、技术、资本及其他要素在城镇的集聚会推动生产要素市场的显著发展(例如劳动力市场);尤其是随着城镇服务业的扩张,城镇居民会有更多的工作机会和更高的工资,而农村剩余劳动力向城镇的转移也会推动农产品市场的发展。另外,伴随消费结构的升级与消费领域的扩大,可支配收入增长的同时恩格尔系数在下降,这些会对能源消耗与碳排放产生不同方向的影响。

第五,为满足城镇化加速期的时代要求,政府会通过制定和实施环境治理与产业发展相关的政策措施,控制与约束企业与相关部门的高能耗行为,并大力加强技术创新,推广清洁生产与技术、新能源的运用等,从而有助于节能减排目标的实现。

(4)关于自变量城市首位度

自变量城市首位度的估计系数是 0.253,显著性水平为 1%。这说明城市首位度与碳排放是显著正相关的。可见,目前城镇规模扩张的负外部效应居主导,盲目扩大城镇人口规模不利于节能减排。如图 4-4 所示,2002—2016 年,我国各省域城市首位度的平均水平总体呈现增长态势,说明越来越多的人口集聚在首位城市,该城市的人口规模与其他城市之间的差距越来越明显,而与此同时,碳排放总量维持稳定增长状态,可见,将城镇规模优化控制在一个高能效的合理范围内至关重要。

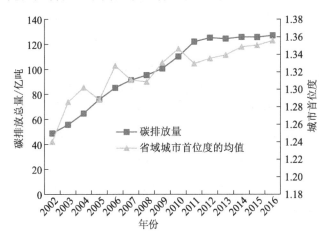

**图 4-4　2002—2016 年我国碳排放总量及省域城市首位度的均值**

实际上,较大的城市首位度有助于推动技术创新、技术扩散与产业升级等,并降低交易成本、劳动力配置不合理的风险与服务成本等,从而带来碳排放总量的减少。然而,若首位城市人口规模超过其承受范围会带来高额的生活成本、交通拥堵严重等一系列问题,也会拉大小城镇与之在技术与生活服务设施方面的差距,加剧资源分布的失衡,导致小城镇难以有效承接技术扩散、知识溢出与转移,环境恶化、碳排放量增加等一些负外部效应随之显现。总之,推动城镇化的发展并非简单地促进人口向城镇集聚,还应合理控制城镇人口规模,在城镇化与经济发展顺利进行的前提下确保城镇的环境友好效应高于环境污染效应。

(5)关于其他自变量

变量 $P$、$A$ 和 $T$ 的系数分为 0.676、0.396 和 0.523,显著性水平均为 1%;$S$ 的系数为 -0.237,显著性水平均位于 10%。这表明我国总人口数、人均国内生产总值和能源强度对于同期碳排放量有较强的正向影响,而变量产业结构(第三产业所占比重)对其的影响方向则相反。具体来看:第一,能源需求随着我国人口数量的增加而不断上升,最终导致碳排放量的扩大,面临不可避免的人口老龄化与人口规模增长的局面,提倡一种低碳生活方式是最为有效的降碳途径之一。第二,经济发展水平的提高会刺激能源消耗需求的扩张,不可避免地增加碳排放压力,所以,就发展中国家而言,应尽可能实现碳减排、经济发展与人民生活水平提高之间的平衡。第三,通过推动节能减排技术进步与创新、优化能源结构等方式降低能源强度,有助于减少碳排放量,而且,当这些因素在某省发生的减排效应会不同程度地扩散到其邻省。第四,产业结构高级化演进尤其是第三产业比重的不断提升对碳排放存在一定的控制作用,但是短期内我国所处的重工业化阶段不可逾越、工业的主导地位不容动摇,为进一步激发一些能源强度低的第三产业的节能减排潜力,应更大幅度地加快发展步伐、优化发展方式,可通过改造升级零售、餐饮、生活服务等传统服务业,促进低碳服务产业体系的形成等。

# 4.5 本章小结

基于拓展的 STIRPAT 模型和动态空间面板数据模型,本章实证考察了中国城镇化的碳排放效应。与以往研究的不同之处在于:一是采用的实证分析模型兼具动态性与空间相关性的特征;二是除城镇化率以外,纳入新变量即城市首位度指数,来反映城镇化进程中城市规模分布情况。通过分析,本章的基本结论如下:

（1）我国各省域（或区域）的碳排放存在一定空间维度的依赖性和异质性，周边地区碳排放的变化会导致本地区碳排放的同向变化，而节能减排活动对于当期碳排放的影响会在将来持续产生作用。这意味着，各级政府在制定相关方针政策时，既要充分考虑省域间碳排放的联动性，有效发挥政府环境规制在节能减排领域正面的外溢性，并力求各省域与其周边地区协调、互助共建低碳发展体系，又应从长期与短期的不同视角出发，确保降碳效应的延续性与持久性。

（2）随着近些年城镇化率水平的大幅提升，城镇化对碳排放的增长总体呈现出抑制作用，但这并不能说明单纯提升城镇化率就可降低碳排放。因为城镇化本身是一个涉及多个领域的复杂系统工程，对于碳排放存在多角度的影响且方向不尽相同，目前显现出的总效应是各方力量相互强化或抵消的结果。例如：在城镇化进程中，家庭规模趋于小型化，而公共交通被越来越多地使用，前者不利于家庭的规模经济效益发挥降碳效果，而后者却明显有助于降低交通运输消耗石化能源的密集程度。可见，真正影响碳排放的是城镇化的发展方式与实现路径，那么，在城镇化率提升的过程中，应优化城镇化低碳发展模式，大力发挥城镇化的降碳效应同时尽可能遏制其增碳效果，充分协调城镇化相关要素间的矛盾与关系，最终达到节能减排的总目标。

（3）较大的城市首位度有助于推动技术创新、技术扩散与产业升级，降低交易成本等，但同时会加剧资源在大小城镇分布的严重失衡，导致小城镇难以有效承接技术扩散、知识溢出与转移，碳排放量增加等一些负外部效应随之显现。可见，在增加城镇人口比重的同时，应合理控制各城镇人口规模差距，从而确保在城镇化顺利发展的条件下城镇规模分布变化所带来的环境友好效应高于环境污染效应。

# 第5章 基于耦合与脱钩视角江苏城镇化碳排放效应的实证检验

## 5.1 问题的提出

城镇化的加速推进既是社会经济发展的必经之路,又是满足生产力发展的客观需要。作为经济大省,江苏的城镇化正处于持续快速发展中,省政府正在加紧研究部署推进新型城镇化建设的战略措施,但对于如何加快低碳城镇化的发展步伐还需要更加系统化的研究。

在实证考察城镇化背景下江苏碳排放增长概况的基础上,本章通过构建综合灰色关联度模型和计算脱钩指数来分别评价与分析江苏省城镇化的碳排放耦合与脱钩效应,并提出相应的对策建议。集中关注城镇化发展与碳排放的关系,将江苏省域的情景化信息充分纳入分析框架,同时以脱钩与耦合为视角解析城镇化的碳排放效应,具有一定的理论与现实意义。

## 5.2 城镇化背景下江苏碳排放增长概况

江苏省曾先后经历以苏南乡镇工业驱动的小城镇快速发展阶段、以开发区建设和外向型经济驱动的大中城市加快发展阶段,以及以城乡发展一体化为引领、以工促农、以城带乡、全面提升城乡建设水平的发展阶段,目前初步形成基本健全的城镇体系结构和"三圈五轴"的城镇空间结构。2006—2015 年,江苏省常住人口由 7656 万人增至 7976 万人,全省城镇化率从 51.9% 提高到 66.5%,居全国第七,高出全国平均水平 10.4 个百分点。按照城镇化三阶段论,城镇化率超过 60% 表示江苏在整体上已处于成熟的城镇化社会,即将进入城镇化的稳定阶段。

《江苏省城镇体系规划(2012—2030)》提出以沿江、沿海和沿东陇海地区为城镇重点集聚空间,苏北水乡湿地地区、苏南丘陵山地地区为城镇点状发展空间,全省形成"紧凑城市、开敞区域"的空间格局。近年来,江苏省城镇化和城乡发展一体化先后呈现出,乡镇企业蓬勃兴起带动小城镇繁荣、各类开发园区建设带动中心城市发展、交通等基础设施升级助推城市群崛起、科学发展引领城乡一体化进程等鲜明特点,城镇化和城乡发展一体化取得长足进步,主要体现在以下几个方面:① 城镇化与工业化互动并进,经济综合实力和要素集聚能力不断提高。如表 5-1 所示,2016—2017 年间,江苏省常住人口由 7998.6 万人增至 8029.3 万人,全省城镇化率从 67.7% 提高到 68.8%;截至 2018 年末,江苏省的城镇化率为 69.6%,比全国平均水平 59.6% 高了 10 个百分点。可以说,江苏省的城镇化率远高于全国平均水平,这也跟江苏省的经济发展水平相匹配。② 江苏城镇化水平呈现出较为明显的区域性差异,发展水平不平衡,与经济发展水平一样,三大区域的城镇化率也呈南北梯度排列。2013 年,苏南的城镇化率超过 70%,苏中的城镇化率接近 60%,苏北的城镇化率则在 55% 左右。而从 13 个省辖市看城镇化率,最高的是南京,最低的是宿迁,两者相差近 30 个百分点。不难看出,苏北、苏中未来提升空间更大,将是江苏继续提高整体城镇化水平的主要动力。苏北地区的城镇化率略低于苏中地区,远低于苏南地区,徐州市的城镇化率由 2016 年的 62.4% 增至 2017 年的 63.8%,在苏北地区处于前列,但与苏南、苏中等市的城镇化水平相比,差距依然明显。③ 江苏省城乡居民生活持续改善,社会文明程度显著提升,城镇和农村居民家庭恩格尔系数分别下降到 34.7%、36.3%;

终身教育、就业服务、社会保障、基本医疗卫生、住房保障、社会养老等基本公共服务体系不断完善,"一委一居一站一办"新型社区管理模式全面推广。④ 城乡统筹发展步伐加快,省城乡一体化格局初步形成,此外,紧凑型城镇空间要求在沿江城市带形成坚实的服务业人才基础,沿海城镇轴和沿东陇海城镇轴夯实新型工业化人才基础,开敞区域优先储备和发展第一、三产业人才等。

表5-1　江苏省及地级市人口数量及城镇化率

| 地区 | 2016 年 | | | 2017 年 | | |
|---|---|---|---|---|---|---|
| | 总人口/<br>万人 | 城镇人口/<br>万人 | 城镇人口<br>比重/% | 总人口/<br>万人 | 城镇人口/<br>万人 | 城镇人口<br>比重/% |
| 全省 | 7998.6 | 5416.7 | 67.7 | 8029.3 | 5521.0 | 68.8 |
| 南京市 | 827.0 | 678.1 | 82.0 | 833.5 | 685.9 | 82.3 |
| 无锡市 | 652.9 | 494.9 | 75.8 | 655.3 | 498.0 | 76.0 |
| 徐州市 | 871.0 | 543.9 | 62.4 | 876.4 | 558.8 | 63.8 |
| 常州市 | 470.8 | 334.3 | 71.0 | 471.7 | 338.7 | 71.8 |
| 苏州市 | 1064.7 | 803.9 | 75.5 | 1068.4 | 809.8 | 75.8 |
| 南通市 | 730.2 | 470.0 | 64.4 | 730.5 | 482.4 | 66.0 |
| 连云港市 | 449.6 | 270.7 | 60.2 | 451.8 | 278.8 | 61.7 |
| 淮安市 | 489.0 | 291.8 | 59.7 | 491.4 | 301.0 | 61.3 |
| 盐城市 | 723.5 | 445.4 | 61.6 | 724.2 | 455.5 | 62.9 |
| 扬州市 | 449.1 | 289.3 | 64.4 | 450.8 | 297.8 | 66.1 |
| 镇江市 | 318.1 | 220.1 | 69.2 | 318.6 | 224.6 | 70.5 |
| 泰州市 | 464.6 | 293.6 | 63.2 | 465.2 | 302.1 | 64.9 |
| 宿迁市 | 487.9 | 280.7 | 57.5 | 491.5 | 287.7 | 58.5 |
| 苏南 | 3333.6 | 2531.3 | 75.9 | 3347.5 | 2557.1 | 76.4 |
| 苏中 | 1643.9 | 1052.9 | 64.0 | 1646.5 | 1082.2 | 65.7 |
| 苏北 | 3021.1 | 1832.5 | 60.7 | 3035.3 | 1881.7 | 62.0 |

数据来源:相关年份的《江苏统计年鉴》。

作为经济社会发展至关重要的要素之一,能源在城镇化的加速进程中起到日益显著的推动作用,石化能源消耗的增加不可避免。在2015 年,江苏省实现5115 亿千瓦时电力、165 亿立方米天然气和2076 万吨成品油供应规模,能源消费总量达到30235 万吨标准煤,"十二五"期间的年均增速为3.97%。江苏省一次能源消费结构为:煤炭64.4%、天然气6.6%、非化石能源 8.3%,虽然风能、太阳能等可再生能源的开发利用步伐加快并已居全国前列,能源消费强度也由 2010 年的 0.601 吨标准煤下降到 0.462 吨,但煤炭消耗所占比例仅比 2010 年下降 4 个百分点。可见,江苏省以煤为基础、多元发展的能耗结构已有所改善,但不平衡的能耗结构在短期内难以得到根本改变,城镇化高速发展与低碳发展的深层次矛盾仍然凸显。

本章的碳排放指人类活动消耗能源所引起的碳排放,占到总排放的 90% 以上。IPCC 中介绍了三种方法测算固定和移动源的石化燃料燃烧碳排放,这里采用第一种方法:根据燃烧的燃料数量和缺省排放因子,来估算二氧化碳排放量,即石化能源消耗的碳排放总量 = $\sum$ 各类能源消耗量×各类能源碳排放系数,其中,各种能源的碳排放系数 = 其缺省碳含量×平均低位发热量,具体系数值见表 3-5。计算时,所涵盖的能源种类包括:原煤、焦炭、汽油、柴油、燃料油、液化石油气、天然气等。该方法的测算或多或少存在准确性不足的问题,但因其具备简单易行、对数据要求不高的优势,故而被采用。江苏省碳排放总量的测算结果如图 5-1 所示。

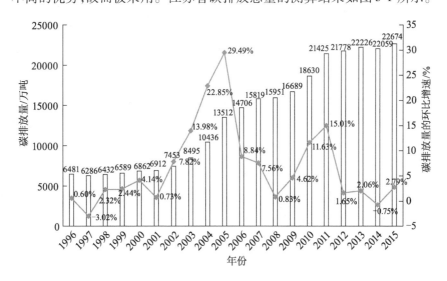

**图 5-1 1996—2015 年江苏省总能耗碳排放量的变化**

(资料来源:根据历年《中国能源统计年鉴》的原始数据计算而得)

1996—2015年江苏省石化能源总能耗的碳排放量由6481万吨迅速上升至22674万吨,累计增幅达2.5倍,其间,2005年碳排放环比增速达到最高峰29.49%,随后开始显著回落, 2008年时仅为0.83%,而在2009—2011年间又呈现显著上升趋势,此后直到2015年,碳排放量增速一直保持在3%以下。总的来看,江苏碳排放总量的增速有所放缓,但在城镇化加速发展的时代背景下其上升压力仍然巨大。

## 5.3 江苏城镇化的碳排放耦合与脱钩效应

### 5.3.1 耦合效应

(1)综合灰色关联度分析法

根据灰色系统理论,城镇化进程与低碳发展同属于一个复杂的灰色大系统,而其中的"部分信息已知,部分信息未知",故需要对"小样本"与"贫信息"进行开发,生产和提取有价值的信息,从而实现对系统行为规律的准确描述与有效控制。灰色关联度计算指标包括:邓氏关联度、绝对(相对)关联度、综合关联度、B型关联度、灰色斜率关联度等,其中,综合关联度指标不仅反映两个变量构成序列之间的相似度,还体现了两者相对始点变化率的接近度,相比其他指标更为全面,因而在下文中被作为分析工具。具体计算步骤如下:

首先,选取1996—2015年江苏石化能源消耗的总碳排放量、城镇化率分别作为系统特征指标值和相关因素指标值,构成系统特征序列 $X_0(t)$ 和相关因素行为序列 $X_i(t)$。

其次,为原始数据量纲与变量做比较标准的统一,进行各序列变量指标值无量纲化处理。令系统特征行为序列 $X_0(t) = [X_0(1), X_0(2), \cdots, X_0(n)]$,相关因素行为序列为 $X_i(t) = [X_i(1), X_i(2), \cdots, X_i(n)]$(其中, $i = 1, 2, \cdots, m; t$ 为时间序号, $t = 1, 2, \cdots, n$)。

$Y_0(t) = [X_0(1) - X_0(1), X_0(2) - X_0(1), \cdots, X_0(n) - X_0(1)] = [Y_0(1), Y_0(2), \cdots, Y_0(n)], Y_i(t) = [X_i(1) - X_i(1), X_i(2) - X_i(1), \cdots, X_i(n) - X_i(1)] = [Y_i(1), Y_i(2), \cdots, Y_i(n)]$ 被称为 $X_0(t)$、 $X_i(t)$ 的始点

零化像。

最后,按下列公式计算灰色综合关联度 $\rho_{0i}$:

$$|s_0| = \left| \sum_{t=2}^{n-1} Y_0(t) + \frac{1}{2} Y_0(n) \right|, \quad |s_i| = \left| \sum_{t=2}^{n-1} Y_i(t) + \frac{1}{2} Y_i(n) \right|,$$

$$\rho_{0i} = |s_i - s_0| = \left| \sum_{t=2}^{n-1} [Y_i(t) - Y_0(t)] + \frac{1}{2} [Y_i(n) - Y_0(n)] \right|$$

灰色绝对关联度的计算公式为

$$\varepsilon_{i0} = \frac{1 + |s_0| + |s_i|}{1 + |s_0| + |s_i| + |s_i - s_0|}$$

另外,若先求出初值像:

$$Z_0(t) = [X_0(1)/X_0(1), X_0(2)/X_0(1), \cdots, X_0(n)/X_0(1)]$$
$$= [Z_0(1), Z_0(2), \cdots, Z_0(n)],$$
$$Z_i(t) = [X_i(1)/X_i(1), X_i(2)/X_i(1), \cdots, X_i(n)/X_i(1)]$$
$$= [Z_i(1), Z_i(2), \cdots, Z_i(n)]$$

则始点零化像为

$$Y_0'(t) = [Z_0(1) - Z_0(1), Z_0(2) - Z_0(1), \cdots, Z_0(n) - Z_0(1)]$$
$$= [Y_0'(1), Y_0'(2), \cdots, Y_0'(n)],$$
$$Y_i'(t) = [Z_i(1) - Z_i(1), Z_i(2) - Z_i(1), \cdots, Z_i(n) - Z_i(1)]$$
$$= [Y_i'(1), Y_i'(2), \cdots, Y_i'(n)]$$

同理,相对关联度为

$$r_{i0} = \frac{1 + |s_0'| + |s_i'|}{1 + |s_0'| + |s_i'| + |s_i' - s_0'|}$$

其中,$|s_0'| = \left| \sum_{t=2}^{n-1} Y_0'(t) + \frac{1}{2} Y_0'(n) \right|, \quad |s_i'| = \left| \sum_{t=2}^{n-1} Y_i'(t) + \frac{1}{2} Y_i'(n) \right|,$

$|s_i' - s_0'| = \left| \sum_{t=2}^{n-1} [Y_i'(t) - Y_0'(t)] + \frac{1}{2} [Y_i'(n) - Y_0'(n)] \right|$。

这里,$\rho_{0i} = \theta_{\varepsilon_{i0}} + (1-\theta) r_{i0} (\theta \in [0,1])$。其中,$\theta$ 的取值由对于绝对量或变化速率的相对关心程度所决定,此处更倾向于城镇化产生的碳排放效应,以变化率为考察重点,所以令 $\theta = 0.3$。

（2）运算结果分析

由于城镇化低碳发展本身是一个由诸多因素构成的动态灰色系统，城镇化与碳排放之间的关联度会不可避免地呈现出动态性与阶段性变化特征，可见，进行动态关联性的分析，有助于决策者对系统进行有效的调整和控制，更加具有现实意义。为此，参照国家五年发展规划的要求及江苏城镇化率水平的阶段性变化，构造分段的序列和选取原始数据，按上述步骤分别求出不同时期内相关因素的灰色综合关联度，见表 5-2。

表 5-2    江苏碳排放量与城镇化率之间的动态关联矩阵

| 发展阶段 | "九五"期间<br>（1996—2000 年） | "十五"期间<br>（2001—2005 年） | "十一五"期间<br>（2006—2010 年） | "十二五"期间<br>（2011—2015 年） |
|---|---|---|---|---|
| 综合关联度 | 0.6966 | 0.7600 | 0.7341 | 0.7155 |

由图 5-1 可知，1996—2015 年江苏省碳排放整体呈现较快的上升趋势，2005 年时达到历史峰值，这一年正是城镇化率水平突破 50% 进入高速发展的转折年，城镇化率与二氧化碳排放量同步快速增长。如表 5-2 所示，江苏省碳排放量与城镇化率的灰色综合关联度始终处于较高水平，虽然先增加后开始缓慢减少，但始终稳定在 0.7 左右。这说明：一方面，城镇化发展对碳排放的影响力一直都比较强；同属于一个灰色大系统的社会经济系统对生态系统并非是单纯的依赖关系，而是表现为压力—承载—反馈的互动的耦合关系，即城镇化发展与能源消耗和二氧化碳排放形成系统间因果关系的耦合。另一方面，江苏省碳排放量增加与城镇化发展正向脱钩状态过渡。

### 5.3.2    脱钩效应

根据脱钩理论，若某一个变量随相关变量增加而增加，则认为两者间保持耦合关系，若该变量随之减少，则被称为与之脱钩。学术界常用脱钩指数来表示相关变量之间的不同步变化程度。5.3.1 节中灰色关联度分析法的运用侧重于对耦合关系的评价与分析，本小节基于脱钩指数来表征变量之间的这种不确定的压力关系，不仅能从另一个角度验证耦合性减弱是否真实存在，而且能直观、准确地描述脱钩程度的变化轨迹。为表示江苏城镇化发展与碳排放增长的脱钩关系，剔除碳排放量与城镇化率的单位数量等级的不同,先分别计算碳排放量与城镇化率的环比增长速度,再求各个年份碳排放增速与城镇化水平变动率之比,可得脱钩指数。当脱钩指数等于 1 时,表示城镇化发展与碳排放增长之间没有脱钩;当脱钩指数大于 1 时,意味着复钩出现;当脱钩指数在 0 与 1 之间时,则是相对脱钩;当脱钩指数小于 0 时是绝对脱钩。

由图 5-2 可知,1996—2015 年,江苏碳排放对于城镇化发展的脱钩指数除在 1997 年和 2014 年小于 0(表明此时绝对脱钩)以外,其余年份均在 0 到 0.6 之间上下波动,属于相对脱钩状态。在“十五”和“十一五”期间,碳排放对于城镇化的脱钩指数经历了一个最大幅度的波动周期,其间,脱钩指数于 2005 年达到峰值 0.584。在“九五”与“十二五”期间,脱钩指数处于较低水平小幅波动的平稳态势。“九五”期间,城镇化刚刚进入加速阶段,对于碳排放的影响不稳定且存在一定滞后性;“十二五”期间,在新型城镇化进程中节能减排工作受到高度的重视,低碳城镇化的发展规划已全面展开,并取得一定成效。总体来看,城镇化发展对能源消耗的依赖程度减弱,碳排放的脱钩效应不断增强,2012—2015 年的波动幅度较小,并越来越接近绝对脱钩水平。

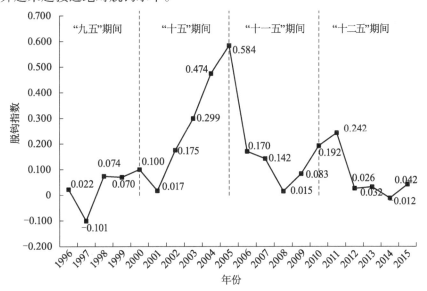

**图 5-2　1996—2015 年江苏城镇化的碳排放脱钩指数的分阶段变化**

## 5.4 本章小结

本章首先阐述了城镇化背景下江苏碳排放变化概况,然后基于所构建的灰色综合关联度模型评估了江苏省碳排放量与城镇化水平之间的耦合性,接着通过测算脱钩指数来验证与分析两者之间的脱钩效应。主要结论包括:① 江苏以煤为基础、多元发展的能耗结构已有所改善,但不平衡的能耗结构在短期内难以得到根本改变,因此,碳排放总量的增速有所放缓,但在城镇化加速发展的时代背景下其上升压力仍然巨大。② 江苏城镇化发展与能源消耗和二氧化碳排放形成系统间因果关系的耦合,但这种关系正向脱钩状态过渡。③ 随着新型城镇化步伐的加快,节能减排工作受到高度重视,低碳城镇化的发展规划已全面展开,城镇化发展对能源消耗的依赖程度减弱,碳排放的脱钩效应不断增强,尤其是"十二五"期间,城镇化的碳排放脱钩水平越来越稳定地接近于绝对脱钩状态。④ 对江苏省而言,新型城镇化发展的初级阶段应以实现相对脱钩为目的,可仍按传统发展模式,但目前已发展到加速阶段,应通过制定科学的低碳城镇发展规划,建立低碳的城镇基础设施,形成低碳的能源消费结构,发展低碳经济,尽可能减少城镇化建设对生态环境的影响,最终实现经济、社会、环境的协调发展。

# 第6章 城镇化背景下中国工业结构调整的碳排放效应预测

## 6.1 问题的提出

如今,中国在国际上被认为碳排放总量世界第一,据国际能源机构的预测,2020 年我国 $CO_2$ 排放量将达到 15.43~21.74 亿吨。早在 1991 年,Grossman 和 Krueger(1991)就指出经济增长影响环境的三种可能渠道,即规模效应、技术效应与结构效应。而高效城镇化通常伴随着产业和就业的转移,城镇化的初期由于大量从事低效的农业生产的资源向生产效率更高的工业生产上转移,使得整个社会的生产效率得以提升,从而较为明显地促进社会经济增长。可见,在产业视域下城镇化的发展会通过投资导向改变产业结构,进而产生碳排放效应。

为考察这种结构效应,Debabrata Talukdar 等(2001)、Jorgenson(2007)分别基于发展中国家的面板数据,就产业结构调整对碳排放的影响进行统计分析。根据该领域主流的实证分析方法,国内学者的研究可归为以下几类:① 基于 IPAT 方程及其变形式的方法。基于省域面板数据,肖慧敏(2011)、谭飞燕和张雯(2011)、郑长德和刘帅(2011)、宋帮英和苏方林(2011)等分别采用不同的 IPAT 模型扩展形式,对我国整体或地区产业结构调整的碳排放效应进行实证分析。② 基于投入产出表的结构分解分析法。张友国(2010)、薛勇和郭菊娥等(2011)、黄敏和刘剑锋(2011)分别结合投入产出表,利用结构分解分析法研究碳排放的影响因素。③ 指数分解分析法。陈诗一(2011)等利用 Ang 和 Choi(1997)提出的对数均值 Divisia 指数分解法,郭朝先(2012)采用 LMDI 分解法分别预测产业结构变动对碳排放的影响;利用 LMDI 与 LEAP 模型,任建兰等(2015)分析了黄河三角洲高效生态经济区工业碳排放的影响因素,并设置预测该区域工业碳排放的情景。④ 其他方法。陈永国等(2013)提出并实证检验了产业结构调整与碳排放强度变化之间存在一种开口 P 形曲线的关系,张伟和王韶华(2013)运用通径分析法研究碳排放强度对于三次产业结构变化的反应敏感程度;朱永彬和王铮(2014)通过构建分部门跨期优化模型,预测产业结构的优化方向与路径及碳排放的变化趋势;李科(2014)运用动态面板平滑转换模型分析中国各省份的产业结构对环境库兹涅茨曲线(EKC)的影响。

上述研究结论比较一致地认为:不同行业的能源依赖和碳排放差异性仍然存在,产业结构的调整及其高级化水平对碳排放量的影响相对稳定,而工业产值所占比重与碳排放总量之间的相关程度明显高于其他行业。实际上,工业整体规模的调整空间比较有限,其内部结构的优化升级对于低碳经济的发展起到关键性作用。然而,以往针对工业结构调整对碳排放影响的实证研究并不多,且大多专注于两者之间关联性的分析,忽略工业结构调整会牵涉低碳经济系统的诸多方面,而仅从节能减排角度出发进行的结构调整,很可能打破已经达到的综合经济平衡状态。

为此,本章提出一个以动态投入产出平衡方程为主要约束条件、以一组社会经济发展目标为目标函数的多目标优化模型,并基于此模型预测未来几年城镇化背景下中国工业结构调整的碳排放效应。本章不仅根据多个目标对工业细分行业进行归类,还通过构建动态投入产出模型来测度工业结构调整的碳排放效应,把经济发展的现在和将来联系起来,保证预测结果更加符合经济运行状态。

## 6.2 相关概念的界定

### 6.2.1 工业行业分类

为了方便相关指标值的计算,根据相关统计年鉴及投入产出表对行业类别进行初步的整理,归纳为 31 种,如表 6-1 所示。这些行业的发展特征与历程、生产工艺、技术水平等都不尽相同,在能源消耗、温室气体排放、吸纳就业、促进经济增长等诸多方面也存在较大差异;从降碳、促增长、增就业三个经济发展目标出发,可对众多工业行业进一步归类,缩减行业的种类数,有利于更加简明、扼要、准确、清晰地阐述工业结构演变及其对碳排放的影响效应。

表 6-1 基于多目标的工业行业分类

| 行业类型(共 8 类) | 工业行业(共 31 种) | 行业数目 |
|---|---|---|
| 第 I 类工业行业<br>高碳排放 - 高增加值率 -<br>高就业工业 | 煤炭开采和洗选业,石油和天然气开采业,造纸及印刷业,电力、热力的生产和供应业,燃气生产和供应业 | 5 |
| 第 II 类工业行业<br>高碳排放 - 高增加值率 -<br>低就业工业 | 非金属矿物制品业 | 1 |
| 第 III 类工业行业<br>高碳排放 - 低增加值率 -<br>高就业工业 | 化学原料及化学制品制造业 | 1 |
| 第 IV 类工业行业<br>高碳排放 - 低增加值率 -<br>低就业工业 | 石油加工、炼焦及核燃料加工业,黑色金属冶炼及压延加工业,有色金属冶炼及压延加工业 | 3 |
| 第 V 类工业行业<br>低碳排放 - 低增加值率 -<br>低就业工业 | 食品及酒精饮料制造业,木材加工及木、竹、藤、棕制品及家具制造业,金属制品业 | 3 |
| 第 VI 类工业行业<br>低碳排放 - 低增加值率 -<br>高就业工业 | 皮革、毛皮、羽毛(绒)及其制品业,文教体育用品制造业,橡胶、塑料制品业,交通运输设备制造业,电气机械及器材制造业,通信设备、计算机及其他电子设备制造业 | 6 |

续表

| 行业类型(共8类) | 工业行业(共31种) | 行业数目 |
|---|---|---|
| 第Ⅶ类工业行业<br>低碳排放－高增加值率－<br>低就业工业 | 黑色金属矿采选业,非金属矿及其他矿采选业,烟草制品业,医药,化学纤维制造业及其他化学制品业,工艺品、废品废料回收加工业及其他制造业 | 5 |
| 第Ⅷ类工业行业<br>低碳排放－高增加值率－<br>高就业工业 | 有色金属矿采选业,纺织业,纺织服装、鞋、帽制造业,通用设备制造业,专用设备制造业,仪器仪表及文化、办公用机械制造业,水的生产和供应业 | 7 |

计算各行业万元总产出二氧化碳排放量(总能耗二氧化碳排放量与总产出之比,用 $u$ 表示,单位:吨/万元),各行业增加值率(行业增加值与总产出之比,用 $v$ 表示),万元总产出从业人员数(行业城镇单位年末从业人数与总产出之比,用 $w$ 表示,单位:人/万元),并分别以这三个指标值为坐标轴,绘制所有工业行业的三维分布图。根据各个指标值的中位数,粗略判定高低区域的分界值: $u=0.1$、$v=0.2$ 和 $w=0.005$,据此作出三个互相垂直的平面,将空间划分为 8 个区域,如图 6-1 所示。显然,代表不同行业的各点不均匀地分散于不同区域,且每个区域中都有点落入,这些行业被分为 8 类,具体结果见表 6-1。

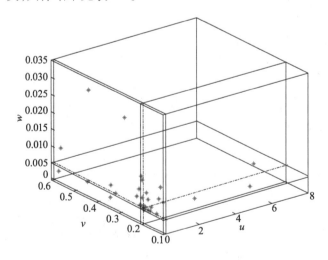

图6-1　工业行业分布的三维空间图

### 6.2.2　碳排放测度方法

本书研究的碳排放是指人类生产活动对化石能源燃烧利用所产生的二氧化碳,不包括土壤、海洋等自然界的碳排放。本书采用根据燃烧的燃料数量及缺省排放因子来估算二氧化碳排放量,虽然计算的准确性相对不足,但简单易行,对数据和技术要求都不高。从行业耗能的角度出发,生产部门能耗碳排放量的公式可表示为

$$C_{jt} = \sum_{r=1}^{m} f_{jtr} \cdot \delta_r \cdot \frac{44}{12}, C_t = \sum_{j=1}^{l} C_j$$

式中,$C_{jt}$ 为第 $j$ 类行业第 $t$ 年石化能耗的碳排放量;$C_t$ 为生产部门第 $t$ 年石化能耗的碳排放量;$f_{jtr}$ 为第 $j$ 类行业第 $t$ 年第 $r$ 类石化能源的消费总量 $(j=1,2,\cdots,l;t=1,2,\cdots,K;r=1,2,\cdots,m)$;$\delta_r$ 为第 $r$ 类能源的碳排放系数,包括 8 类能源(即 $m=8$),分别指原煤、焦炭、原油、汽油、煤油、柴油、燃料油、天然气,根据燃料净发热值和碳排放系数计算可得碳排放系数,参见表 3-5。

## 6.3　模型构建

### 6.3.1　目标函数

工业发展及工业结构的调整应尽可能与低碳经济发展相适应,不应加剧就业形势的严峻性,而且,工业产量的过快或过缓增长都是不利的,工业结构的优化要有利于国家经济安全、社会稳定、低碳环保及与其他产业发展相适应。因此,下文从经济总量、碳排放量、就业总量、各产业之间的综合平衡四个方面来设计目标函数。由于时间维度上的最优化问题的一个特点是其准则函数是加性可分的,那么,这里动态优化模型的 4 个目标函数都选择相应的累计值。

(1)经济增长目标

国际上,通常用 GDP 来衡量国民收入,以规划期内 GDP 累计值最大作为首个目标函数,表达式为

$$\max TGDP = \sum_{t=1}^{K} \boldsymbol{e}^{\mathrm{T}} \big[ \boldsymbol{X}(t) - \boldsymbol{A}(t)^{\mathrm{T}} \boldsymbol{X}(t) \big] \ (t=1,2,\cdots,K)$$

式中，$e = [1, 1, \cdots, 1]^T$ 为单位列向量。由表 6-1 可知，能够将生产部门归为 9 类行业，其中，工业生产部门包括 8 类行业（即第 Ⅰ ~ Ⅷ 类工业行业），其余所有的非工业行业都纳入第 Ⅸ 类行业。按照这种划分方法，$X(t)$ 代表在第 $t$ 期各类行业总产出列向量 $[X_1(t), X_2(t), \cdots, X_n(t)]^T$，$n = 9$。因此，这里 $A(t) = (a_{ij}(t))_{n \times n}$ 表示第 $t$ 期的直接消耗系数矩阵，也应为按照新的行业分类转化后的形式。

（2）碳排放控制目标

控制或降低碳排放量是低碳经济发展的基本目标，也是工业结构调整的主要方向，其目标函数可表示为规划期内生产部门能耗碳排放总量的累计值最小化来表达：

$$\min TCE = \sum_{t=1}^{K} C(t) X(t)$$

式中，$C(t)$ 为第 $t$ 期各类行业碳排放强度构成的行向量 $[C_1(t), C_2(t), \cdots, C_n(t)]$，$C_n(t) = \dfrac{\text{第 } n \text{ 类行业第 } t \text{ 期总能源消耗碳排放量}}{\text{第 } n \text{ 类行业第 } t \text{ 期总产出}}$，表示第 $t$ 期第 $n$ 类行业单位总产出的总能耗碳排放量。

（3）充分就业目标

当前与工业发展密切相关、亟待解决的社会问题之一是劳动力就业，第三个目标函数是规划期内就业总量的累计值最大化，表达式为

$$\max TPE = \sum_{t=1}^{K} L(t) \cdot X(t)$$

式中，$L(t)$ 为第 $t$ 期各类行业劳动力系数的行向量 $[L_1(t), L_2(t), \cdots, L_n(t)]$，$L_n(t) = \dfrac{\text{第 } n \text{ 类行业第 } t \text{ 期末城镇单位从业人数}}{\text{第 } n \text{ 类行业第 } t \text{ 期总产出}}$，表示第 $t$ 期第 $n$ 类行业单位总产出的城镇期末的从业人数。

（4）综合经济平衡目标

综合经济平衡是低碳经济系统良性发展的基础，要求各行业协调发展，尽可能降低失衡程度，其目标函数表示为

$$\min TDV = \sum_{t=1}^{K} e^T [d_+(t) + d_-(t)]$$

式中，$\boldsymbol{d}_+(t)=[d_{+1}(t),d_{+2}(t),\cdots,d_{+n}(t)]^{\mathrm{T}}$，$\boldsymbol{d}_-(t)=[d_{-1}(t),d_{-2}(t),\cdots,$ $d_{-n}(t)]^{\mathrm{T}}$ 分别表示第 $t$ 期各类行业动态投入产出平衡方程的正负偏差列向量，这类方程的具体表达式见下文；$\boldsymbol{d}_{+i}(t)$ 与 $\boldsymbol{d}_{-i}(t)(i=1,2,\cdots,n)$ 之和用于度量第 $t$ 期第 $i$ 类行业的失衡程度，那么，将规划期内各类行业正负偏差变量总和最小作为此目标函数，可用于描述综合经济的尽可能平衡。

### 6.3.2　约束条件

（1）动态投入产出平衡约束

动态投入产出平衡约束揭示了生产部门间存在生产消耗平衡协调的复杂联系，在现实经济中，该平衡是一种基本均衡或趋势，投入与产出很难完全相等，总会存在一定的偏差，故这一约束的表达式为

$$\boldsymbol{X}(t-1)=\boldsymbol{A}(t-1)\boldsymbol{X}(t-1)+\boldsymbol{B}(t-1)[\boldsymbol{X}(t)-\boldsymbol{X}(t-1)]+\boldsymbol{Y}(t-1)-$$
$$\boldsymbol{d}_+(t-1)+\boldsymbol{d}_-(t-1)$$
$$(t=1,2,\cdots,K)$$

式中，$t-1=0$ 时表示基期，$\boldsymbol{B}(t)=(b_{ij}(t))_{n\times n}$ 表示按照新的行业分类第 $t$ 期的投资系数矩阵，$\boldsymbol{Y}(t)=[Y_1(t),Y_2(t),\cdots,Y_n(t)]^{\mathrm{T}}$ 为第 $t$ 期各类行业最终消费支出与净出口之和的列向量。这里，第 $t$ 期的动态投入产出平衡约束由当期各类行业的动态投入产出平衡方程组成，而对应的正负偏差向量引入，可使方程具有一定的弹性，与经济发展实际更相符，便于求得稳定的解，同时，上述第四个目标函数的设定使平衡约束条件尽可能得到满足。

（2）GDP 增长约束

为保证国民日益增长的物质文化需要，应考虑行业增加值增长的约束，表达式为

$$\boldsymbol{e}^{\mathrm{T}}[\boldsymbol{X}(t)-\boldsymbol{A}(t)^{\mathrm{T}}\boldsymbol{X}(t)]\geqslant(1+\bar{g})\boldsymbol{e}^{\mathrm{T}}[\boldsymbol{X}(t-1)-\boldsymbol{A}(t-1)^{\mathrm{T}}\boldsymbol{X}(t-1)]$$
$$(t=1,2,\cdots,K)$$

式中，$\bar{g}$ 代表规划期内 GDP 的年均增长速度。

（3）能源消耗与碳排放约束

为实现控制碳排放与能耗的基本目标，能源消耗与碳排放的约束条件必须满足：

$$\frac{E(t)X(t)}{e^{\mathrm{T}}\left[X(t)-A(t)^{\mathrm{T}}X(t)\right]}\leqslant(1+N)^{t}E_{0} \quad (t=1,2,\cdots,K),$$

$$\frac{C(t)X(t)}{e^{\mathrm{T}}\left[X(t)-A(t)^{\mathrm{T}}X(t)\right]}\leqslant(1+M)^{t}C_{0} \quad (t=1,2,\cdots,K)$$

式中,$E(t)$ 为第 $t$ 期各类行业单位总产出能源消耗量构成的行向量 $[E_1(t),E_2(t),\cdots,E_n(t)]$,$E_n(t)=\dfrac{第\ n\ 类行业第\ t\ 期能源消耗总量}{第\ n\ 类行业第\ t\ 期总产出}$,表示第 $t$ 期第 $n$ 类行业单位总产出的能源消耗总量;$N$ 表示规划期内生产部门单位 GDP 能源消耗的平均增长率;$E_0$ 为基期的单位 GDP 生产部门能源消耗量;$M$ 表示规划期内单位 GDP 生产部门能耗碳排放量的平均增长率;$C_0$ 为基期的单位 GDP 生产部门能耗碳排放量。

（4）劳动力约束

若忽略劳动力资源结构性短缺的可能,为保证各类行业的劳动力需求,且确保就业形势的稳定,该约束条件表达式为

$$L(t)X(t)\geqslant(1+H)^{t}L_{0} \quad (t=1,2,\cdots,K)$$

式中,$H$ 表示规划期内就业总量的平均增长率,$L_0$ 为基期的实际就业总量。

（5）非负约束

$$X(t)\geqslant\mathbf{0},Y(t)\geqslant\mathbf{0},d_{+}(t)\geqslant\mathbf{0},d_{-}(t)\geqslant\mathbf{0} \quad (t=1,2,\cdots,K)$$

需要说明,将 $Y$ 作为内生变量来处理,可以克服外生变量的人为性,使结果更符合经济运行过程。

### 6.3.3 参数估算

（1）直接消耗系数矩阵 $A(t)$

基年的直接消耗系数矩阵 $A(0)$ 由某年的中国投入产出表整理计算直接得到,通过对于 $A(0)$ 的修订依次求出 $A(t)(t=1,2,\cdots,K)$,目前国际上比较流行的直接消耗系数修订技术主要有:专家调查法、RAS 修正法、拉格朗日待定系数法、重点系数法等。其中,专家调查法的主观随意性较强,精确度完全取决于专家的评估方法;RAS 修正法必须以直接消耗系数会受到替代和消耗两方面影响为假设条件,并且要求各期各部门的中间使用合计与物耗合计已知(在未知的情况下,无法体现其优越性);而拉格朗日待定系数法只适合规划期较短的情况,在长期预测时,会产生较

大误差；重点系数法则仅从数学分析角度来修订系数，未联系经济理论。

　　本章将比较成熟的马尔可夫方法与投入产出分析法相结合，不但能够根据已知信息对直接消耗系数矩阵进行修正，而且能够对不同情况下的预测结果进行比较。马尔可夫过程是一个随机动态过程，具有"无后效性"特点，若转移概率矩阵不变，则该过程会趋近一个稳定状态。利用这一原理，设系数修订公式为 $P_t^{\mathrm{T}} = P_0^{\mathrm{T}} \boldsymbol{\lambda}^t (t = 1, 2, \cdots, K)$，其中，$P_t$ 表示第 $t$ 期的比例系数矩阵，$P_0 = \begin{bmatrix} A_0 & Q_0 \\ J_0 & W_0 \end{bmatrix}$ 表示比例系数矩阵的初始状态，$\boldsymbol{\lambda}$ 为转移概率矩阵。如表 6-2 所示，根据整理后的基期投入产出表，$A_0$ 采用直接消耗系数公式计算得到，令 $W_0 = 0$，其余矩阵 $Q_0$、$J_0$ 内的数字可按照类似方法计算，看成各部分在总产出中所占比例，例如矩阵 $J_0$ 就由各类行业增加值占其总产值的比重所组成。关于转移概率矩阵 $\boldsymbol{\lambda}$ 的确定，遵循一系列的假设：随着科技创新与节能技术的进步，以及生产力水平的提升，各类行业之间生产要素的转移和互相替代是客观存在的，高碳排放产品会越来越多地被低碳排放产品替代。

表 6-2　基期比例系数矩阵 $P_0$ 的构成

| | 中间产品 | | | | | 最终产品 | 总产值 |
|---|---|---|---|---|---|---|---|
| | 第Ⅰ类工业行业 | 第Ⅱ类工业行业 | … | 第Ⅷ类工业行业 | 第Ⅸ类行业 | 积累与消费合计 | |
| 第Ⅰ类工业行业 | 第Ⅰ象限的直接消耗系数矩阵 $A_0$ | | | | | 第Ⅱ象限的比例系数矩阵 $Q_0$ | ⋮ |
| 第Ⅱ类工业行业 | | | | | | | ⋮ |
| ⋮ | | | | | | | ⋮ |
| 第Ⅷ类工业行业 | | | | | | | ⋮ |
| 第Ⅸ类行业 | | | | | | | ⋮ |
| 增加值合计 | 第Ⅲ象限的比例系数矩阵 $J_0$ | | | | | 第Ⅳ象限的比例系数矩阵 $W_0$ | ⋮ |
| 总投入 | … | … | … | … | … | … | … |

（2）投资系数矩阵 $\boldsymbol{B}(t)$

投资系数矩阵是上述模型的核心约束,由于投资的不稳定性,矩阵的确定存在一定的难度。假定对于同一种产品,各类行业对其中间产品的需求构成和对其投资品的需求构成相同,考虑到投资的时滞性,可采用的投资系数计算公式为

$$b_{ij}(t) = \Delta s_i(t) a_{ij}(t) / \Delta x_j(t+1) \quad (t = 1, 2, \cdots, K)$$

式中,$\Delta s_i(t)$ 表示第 $i$ 类行业第 $t$ 期的投资额,$\Delta x_j(t+1)$ 表示第 $j$ 类行业第 $t+1$ 期比第 $t$ 期的总产出增量。

# 6.4   结果分析

## 6.4.1   参数设定与模型求解

以相关年份的《中国统计年鉴》和投入产出表为基础,以 2010 年为基期、2011—2020 年为规划期,按照 2010 年不变价格,估算模型中各个参数值。具体说明如下:① 目前,只有 2002、2005、2007、2010 年的细分行业投入产出表,为确保统计口径一致,一些参数的估算依据只限于这四年不等间隔的样本数据,因此,$\boldsymbol{C}(t)$、$\boldsymbol{L}(t)$ 和 $\boldsymbol{E}(t)$ 就采用非等时距的 $\mathrm{GM}(1,1)$ 灰色模型来进行逐年估算;② 根据上文基于多目标的工业行业分类法,对 2010 年的投入产出表进行整理计算,可得基年的直接消耗系数阵 $\boldsymbol{A}(0)$,再将马尔可夫法与投入产出分析法相结合对其进行修订,可预测 2011—2020 年的直接消耗系数矩阵 $\boldsymbol{A}(t)$($t = 1, 2, \cdots, 10$);③ $\Delta s_i(t)$、$\Delta x_j(t+1)$、$g_i$ 都采用各类行业 2002—2005、2005—2007 及 2007—2010 年间的加权平均值;④ 根据《我国国民经济和社会发展十二五规划纲要》,设定 $\bar{g}$、$N$、$M$ 和 $H$ 的值,确保发展目标的顺利实现;⑤ 根据 2011 年《中国统计年鉴》和《中国能源统计年鉴》,可算得 $E_0$、$C_0$ 和 $L_0$ 的值。

求解过程如下:首先,将 6.3.1 节中的目标（1）和（3）转化为两个最小化问题。

$$\min TGDP = -\sum_{t=1}^{K} \boldsymbol{e}^{\mathrm{T}} \left[ \boldsymbol{X}(t) - \boldsymbol{A}(t)^{\mathrm{T}} \boldsymbol{X}(t) \right]$$

$$\min TPE \ = \ - \ \sum_{t=1}^{K} \boldsymbol{L}(t) \cdot \boldsymbol{X}(t)$$

　　其次,对各个目标进行无量纲化处理之后,采用线性加权法,将多个目标的加权和作为单目标。考虑到我国当前同时面临的增长、就业、控制污染与协调发展的压力都很大,各目标函数的权重均取 1/4。

　　最后,利用 MATLAB 软件调用函数 linprog 求解。

### 6.4.2　预测结果分析

　　如表 6-3 所示,总的来看,在保证未来几年经济总量与就业水平稳步增长的前提下,碳排放量对工业结构调整的反应比较敏感,从 2010 年至 2020 年,碳排放量年均增速被控制在 5% 以内,碳排放强度(这里指单位 GDP 的生产能耗碳排放量)的控制目标也得以顺利实现,由 2.28 吨/万元减少为 1.56 吨/万元(以 2010 年不变价)。

表 6-3　规划期内工业结构调整的预测值

|  | 占工业总产值比重 | | | |
| --- | --- | --- | --- | --- |
|  | 2010 年实际值 | 2015 年预测值 | 2018 年预测值 | 2020 年预测值 |
| 第 I 类工业行业 | 12.26% | 5.00% | 6.75% | 4.21% |
| 第 II 类工业行业 | 5.17% | 6.89% | 7.98% | 13.24% |
| 第 III 类工业行业 | 5.63% | 6.78% | 7.98% | 12.47% |
| 第 IV 类工业行业 | 14.49% | 5.87% | 8.08% | 9.46% |
| 第 V 类工业行业 | 13.05% | 20.86% | 20.06% | 21.32% |
| 第 VI 类工业行业 | 25.68% | 19.03% | 16.04% | 13.24% |
| 第 VII 类工业行业 | 7.36% | 15.65% | 13.77% | 11.21% |
| 第 VIII 类工业行业 | 16.36% | 19.93% | 19.34% | 16.86% |
| 碳排放量/万吨 | 913407 | 1163934 | 1350327 | 1416526 |
| GDP/亿元 | 401202 | 617299 | 799420 | 907111 |
| 城镇期末从业人数/千人 | 130515 | 190883 | 228634 | 240432 |

　　注:为统计口径的一致,2010 年 GDP 是当年投入产出表的各行业增加值合计值,故各年估算的 GDP 与统计年鉴中的数值有所差别,且 GDP 均以 2010 年不变价,碳排放量指生产部门总能源消耗的二氧化碳排放量,不包括生活部门的碳排放量。

未来几年,工业结构的调整方向如下:

首先,占工业总产出的比重呈现总体下降趋势的行业主要有:第Ⅰ类工业行业、第Ⅳ类工业行业和第Ⅵ类工业行业,分别属于高碳排放－高增加值率－高就业工业、高碳排放－低增加值率－低就业工业、低碳排放－低增加值率－高就业工业,其中,第Ⅰ类、第Ⅳ类工业行业都出现先迅速下降后略有提升的情况,尤其是后者先是从2010年的14.49%大幅度减少为2015年的5.87%,2020年又升至9.46%。如表6-1所示,这两类工业行业包括煤炭开采和洗选业,石油和天然气开采业,电力、热力的生产和供应业,燃气生产和供应业,石油加工、炼焦及核燃料加工业,黑色金属冶炼及压延加工业等,它们都属于典型的高能耗高碳排放行业,大幅度降低其所占比重对于控制碳排放量增长短期内可能起到显著的作用,但考虑到这些行业的基础性地位、行业发展的协同作用,特别是随着新能源、清洁能源的不断开发与广泛运用,长期来看,其碳排放强度会呈现逐渐下降的趋势,高碳排放的行业特征不再凸显,因此,其所占比重的下降就会逐年减慢甚至开始略有回升。与之不同,第Ⅵ类工业行业的内部结构更为复杂,既包括传统劳动密集型制造业,又涵盖一些技术密集型制造业,尽管这一类行业总产值所占比重是在下降的,但这并不代表其所涵盖的细分行业的比重都在减少,此时不可忽视其内部结构的升级与优化,技术密集度高的行业比重很可能不升反降。

其次,第Ⅱ、Ⅲ、Ⅴ类工业行业所占比重都呈现上升的趋势,其分别属于高碳排放－高增加值率－低就业工业、高碳排放－低增加值率－高就业工业、低碳排放－低增加值率－低就业工业,它们各自比重的扩张仅对某一目标的实现起到促进作用,但会妨碍到其余两个目标的实现,尽管如此,当前者的促进作用超过后者的妨碍作用时,适度的规模扩张仍然是短期内的必然选择。例如,食品及酒精饮料制造业,木材加工及木、竹、藤、棕制品及家具制造业,金属制品业等工业行业所占比重的提升有助于控制碳排放量的增长,但对经济增长与就业吸纳的贡献度不大,故这些行业发展规模的适度扩张是权衡与取舍利弊之后的均衡选择。此外,第Ⅶ、Ⅷ类工业行业分别属于低碳排放－高增加值率－低就业工业、低碳排放－

高增加值率–高就业工业,其所占比重也分别经历了上涨的过程,但之后又开始回落,因为随着科技创新步伐的加快和低碳能源的广泛使用,这两类行业在减碳排与促增长方面的固有优势可能会长期存在,但与其他行业之间的差异很可能会缩小,并且为维持综合经济平衡,这种行业规模扩张的趋势必然会有所放缓。

总之,工业结构调整是一个复杂的系统工程,牵涉经济社会的方方面面,该最优化问题的多个目标之间存在冲突和矛盾,促增长的同时难免给减排降耗带来巨大压力,而具有强大经济助推力的行业也未必有能力吸纳足够多的就业,但并不能因此忽视或放弃任一合理设定的发展目标。不可否认,工业结构调整有利于将经济增长、充分就业与碳排量控制尽可能地协调起来,充分实现降碳目标,最终达到帕累托最优状态。

# 6.5　本章小结

综上所述,本章的主要结论包括以下几点:

(1)根据模拟结果,在实现碳排放控制目标的前提下,通过工业结构的优化,中国在2016—2020年间可保持8%左右的增速,城镇新增就业累计超过4900万人,同时,碳排放量对工业结构调整的总体反应比较敏感:碳排放量年均增速控制在5%以内,碳排放强度累计下降也超过17%。可见,尽管减少碳排放、促进经济增长与扩大就业三个子目标之间相互依存又相互制约,通过工业结构优化来协调其间关系是能够发挥一定降碳效应的。

(2)在低碳发展模式下,第Ⅰ、Ⅳ类工业行业如煤炭开采和洗选业,石油和天然气开采业,电力、热力的生产和供应业,燃气生产和供应业,石油加工、炼焦及核燃料加工业,黑色金属冶炼及压延加工业等大多呈现高能耗高排放特征,短期内可大幅缩减其所占比重,但长期来看,关键还在于节能技术的创新开发和应用,用高新技术和环保技术改造传统产业和传统产品生产,因为如果消除污染的技术没有提高,仅靠限产、停产来控制污染,这一作用不仅有限,鉴于其基础性地位被动摇还会严重影响到其他相关行业的协同发展。

（3）尽管非金属矿物制品业、化学原料及化学制品制造业属于高碳排放行业,但两者分别对经济增长和扩大就业的贡献突出,因此,就这两个行业而言,适度的规模扩张仍是短期内的必然选择。此外,随着科技创新步伐加快、低碳能源在各个行业特别是高能耗高排放行业的广泛使用,第Ⅶ、Ⅷ类工业行业包括黑色金属矿采选业,非金属矿及其他矿采选业,烟草制品业,有色金属矿采选业,纺织业,纺织服装、鞋、帽制造业,通用设备制造业等在节能减排方面的优势不再凸显,其扩张趋势会逐渐放缓。

# 第 7 章  城镇化背景下中国建筑业碳排放的影响因素分析

## 7.1  问题的提出

我国目前正处于城镇化高速发展阶段,城市化进程不断加快,建筑行业正高速发展,近几年城乡新增建筑面积大约为 15～20 亿平方米,但真正达到节能标准的却不到 10% 。不可否认,建筑用能已经逐渐与工业耗能、交通耗能并列,被并称为中国的三大"耗能大户"。目前住宅建设工业化程度低,施工仍以现场手工式操作为主,生产效率低,并造成资源、能源的过度消耗和对环境的严重污染。同传统建筑相比,绿色建筑可减排 30%～50% 的温室气体。建筑能耗已经成为我国社会终端能源消费的主要方式之一,并且上升势头迅猛,如果不加以节制,按照目前的发展速度,到 2020 年中国建筑能耗将达到我们难以承受的程度。实际上,仅仅建筑业的耗能量已经超过全社会终端耗能量的 27% ,若计入建筑使用和建材生产能耗,在社会总耗能的占比则达到 47% 。可见,正处于大规模发展时期的建筑业能耗总量大、能耗增速快、能源利用效率低下,无疑将成为我国能否实现整体减排目标的关键领域。产业是连接微观经济实体和宏观经济的单位纽带,那么,转变建筑业经济增长模式,实现由传统的高碳方式向低碳方式转型,尽可能降低行业发展的资源成本和环境代价,将成为确保经济社会长期可持续发展的重要环节。鉴于上述现实背景,本章将城镇化背景下建筑行业低碳发展的定量分析与有关环境经济学理论相结合，为进一步促进我国建筑业增长方式的转变、内部结构的调整、与经济社会协调发展提供更坚实的理论支撑，具有实践意义。项目成果为相关部门更加科学、有效地制定中国建筑业低碳发展方面的政策和法规提供了有价值的理论参考，为地方政府研究部署推进新型城镇化背景下建筑业低碳发展的战略措施提供了理论支撑，有助于更加系统地规划部署新常态下建筑业的发展。

综上可知，寻求建筑行业低碳发展的有效途径，将有利于在节能减排的视角下，解决城镇化背景下目前积累的矛盾和问题日益突出、产能增长过快、产业布局不尽合理、存在安全环保隐患、行业发展模式急需转变等方面的问题，有助于加快转变该行业高耗能、高污染的产业特性。而且，科学、有效地制定并实施建筑行业的低碳发展策略，促其健康发展，是全面实现经济社会低碳发展的关键要素之一。由于我国建筑产业的低碳发展直接影响着我国整个低碳经济发展的潜力和后劲，从社会、经济可持续发展角度提出产业低碳发展的机制与战略方针，将有利于促进我国经济社会的可持续发展，提升综合竞争力。

随着城镇化进程的不断加快，房地产业的迅猛崛起与扩张，建筑业长期处于增速期，近些年的增长有所放缓。如图7-1所示，2011—2014年建筑业增加值的环比增速都要大于9%，均超过当年GDP的增速，2015年建筑业增加值为46456亿元，比上一年增长6.8%，尽管增速达20年来最低点，但仍处于较高水平，而建筑业增加值占GDP的比重已超过7%，达改革开放以来的最高点。该行业在国民经济中的重要地位及其与其他产业的密切联系，乃至对能源消耗或碳排放的实际影响力不容小觑。然而，在产业尺度下，国内现有对于能源消耗和碳排放的研究多集中于工业，由于建筑业本身在施工过程中的能耗相对工业较小，往往被忽略。不可否认的是，除了建筑物的建造之外，建筑材料生产、建筑物使用等方面的耗能也非常巨大。

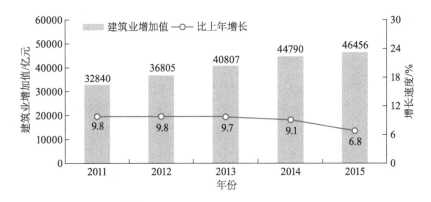

**图 7-1　2011—2015 年建筑业增加值及其增长速度**

（资料来源：《中华人民共和国 2015 年国民经济和社会发展统计公报》）

国际上对产业模式与环境变化进行了一些探索性研究，其中具有较大影响力且更为深入的是针对全球环境变化的人类影响国际研究计划（IHDP），这是由国际社会科学理事会（ISSC）和国际科学联合理事会（IS-CU）联合开展的。其中，产业优化转型，特别是工业发展模式转换与环境系统变化被作为国际合作项目之一，专注于产业转型与人类影响的系统研究，主要包括：在宏观尺度下探讨经济变动与全球环境变化的联系；建立调节生产和消费过程的管理规则及激励机制（影响环境的物质流分析等）。

近些年来，国内专门针对建筑业节能减排途径的研究并不多见，随着低碳经济与城镇化进程的不断发展，建筑产业发展及其对能源消耗和碳排放的影响越来越受到关注，大体归为以下几类：

（1）许多学者从可持续发展理论、协同论等不同角度对建筑业发展的健康度进行了研究。阮连法（2009）引入和谐度的概念，从投入产出的角度，利用因子分析法评价比较浙江各地市的建筑业和谐度；杨芳（2010）引入系统协调性的理念，将主成分分析法与回归分析法相结合，实证测度辽宁建筑业可持续发展度；借鉴物理学耦合度函数，根据省级面板数据，戴永安（2012）对建筑业与区域经济的协调耦合机理进行了分析；陆菊春（2012）等构建了在权重信息不完全情况下的基于区间数的建筑业低碳竞争力评价模型,并借此评价国家发改委指定的低碳试点省份建筑业的低碳竞争力。

（2）为制定产业政策提供理论依据,有的学者不仅从整体上把握建筑业直接碳排放和间接碳排放,而且更准确地分析促使碳排放增加的原因。环境投入产出分析法、经济投入—产出生命期评价模型、嵌入能耗的投入产出模型等被用于核算某个国家或地区建筑业直接和间接的能耗碳排放(计军平等,2011;常远和王要武,2011;张燕等,2011);同时,还有人借助 KAYA 恒等式计算我国或地区碳排放足迹,并根据分解模型来定量分析高能耗行业碳足迹各个影响因素的贡献,从而提出节能减排的措施和建议(姚宇和韩翠翠,2011;邢璐和单葆国,2011;李志强和赵守艳,2011)。

（3）随着低碳经济的不断发展,建筑产业发展及其对能源消耗和碳排放的影响越来越受到关注。在实证研究领域,环境投入产出分析法(Acquaye 和 Duffy,2010)、经济投入—产出生命期评价模型(常远和王要武,2011)、嵌入能耗的投入产出模型(张燕和张洪等,2011)、KAYA 恒等式(祁神军和张云波,2013)等已得到较为广泛的运用。例如,祁神军和张云波(2013)采用经济投入产出分析法,并运用 KAYA 恒等式分解建筑业直接碳排放和隐含碳排放的趋势;李爱真(2011)对建筑产业发展与其能源消费的关系进行格兰杰因果关系检验,发现能源消费对建筑业的拉动作用;冯博和王雪青(2015)利用 Tapio 脱钩模型和 LMDI 方法分别对建筑业碳排放的脱钩状态及影响因素进行分析,结果表明建筑业的间接碳排放在大部分省份处于弱脱钩状态,且间接能源消耗的结构效应、强度效应等对碳排放起到较强的正向影响作用;纪建悦和姜兴坤(2012)基于 STIR-PAT 模型采用情景分析法,预测建筑业碳排放变化趋势并推算峰值的出现时间。

总的来说,产业视角下的现有研究成果仍需完善与深入。首先,很多研究忽略了建筑业的间接碳排放,导致难以全面、准确地反映行业实际情况,尽管建筑业本身的生产情况并未显示很强的高碳特征,但其对相关行业碳排放的巨大影响力不容忽视,而这一影响力的存在很大程度上说明了建筑业广义上应属于"碳排放密集型";其次,碳排放的核算方式比较单一,以生命周期法和投入产出分析法最为常见,且多针对历史建筑或单一建筑的核算,从宏观视角和行业尺度上测量碳排放的方法多是在上述两种方法基础上稍加改动,尚未得到规范与统一,缺乏系统性与整体性;最后,建筑业的碳排放问题多针对国家层面展开,没能体现其在省域间的差异性及空间相关性。

鉴于上述理论与现实背景,本章首先测度我国建筑产业的直接和间接碳排放量,然后结合 STIRPAT 模型来构建动态空间杜宾面板模型,最后基于此来实证分析建筑业直接和间接碳排放总和的影响因素。本章的实证分析模型同时具备空间相关性与动态特征,这是因为相邻省域的建筑业碳排放之间并非完全相互独立的,而且碳排放的逐年变化也是一个持续的动态过程。无论是选择以省域为研究层面,还是构建并运用动态空间杜宾面板模型,在以往的研究中都比较少见。动态空间杜宾面板模型的相关优势包括:① 即使真实数据符合空间滞后(或误差)模型,该模型估计仍是无偏的;② 模型未限定空间溢出效应的大小,对于全局或局部都适用,还兼顾被解释变量和解释变量之间的空间相关性问题;③ 模型的动态形式可包括时间滞后变量和时空滞后变量。正因为具备上述优势特征,这一模型的构建为全面分析各个因素的影响力及其动态延续性、自变量的空间溢出效应和空间交互影响效应,自变量与因变量的空间相关性等提供了便利条件,有助于具体解析现有研究鲜有涉及的"区域间碳锁定效应的差异性与相关性"问题,充分满足研究目标对模型或方法选择的要求,而这些优势条件在其他面板模型中难以同时实现。此外,下文在测度建筑业发展的碳排放效应时,将其分为直接与间接两部分碳排放效应,借鉴与发展前人的研究成果,重新构建建筑业碳排放测度模型。

## 7.2　建筑业碳排放的估算

在产业尺度下,我国生产部门能耗碳排放的来源可分为农林牧渔业、工业、建筑业、交通运输仓储邮政业、批发零售住宿餐饮及其他行业,按照直接能耗这一标准,建筑业本身碳排放量相对较小,在2012年其所占比重不足2%。事实上,该产业是典型的"表观低碳、隐含高碳"产业(祁神军和张云波,2013),相比建筑物建造,建筑材料生产、建筑物使用等方面的能耗更加巨大,成为制约建筑业低碳发展的关键之一。从这个范畴来看,本章借鉴张智慧和刘睿(2013)的做法,将建筑业碳排放分为两部分:直接碳排放和间接碳排放。根据世界资源研究所(2004)的相关定义,前者指建筑业边界内生产活动直接消耗能源所形成的碳排放,后者指建筑业在生产过程中致使其他相关行业产生的碳排放,被限定为建筑业所消耗建筑材料的生产而引致的碳排放。这样,既充分考虑到数据的可获性与完整性,又简化了运算过程。需要说明的是,基于生命周期评价法或投入产出法的建筑业碳排放测算不能满足对空间面板数据的需要,故本章采用最常用的IPCC碳排放核算方法,且没有将建筑运营阶段的碳排放纳入考量范围。受冯博和王雪青(2015)研究的启示,根据燃烧的燃料数量及缺省排放因子来估算二氧化碳排放,我国省域建筑业碳排放测算模型为

$$I_{it} = I_{it}^1 + I_{it}^2 = \sum_{r=1}^{m} E_{itr} \cdot \delta_r \cdot \frac{44}{12} + \sum_{j=1}^{l} M_{itj} \cdot \rho_j \cdot (1 - \varepsilon_j)$$

式中,$I_{it}$为第$i$个省份第$t$年建筑业碳排放量总量,$I_{it}^1$和$I_{it}^2$分别代表建筑业的直接碳排放总量和间接碳排放总量,$E_{itr}$表示第$i$个省份第$t$年建筑业对第$r$类终端能源的直接消耗总量,$\delta_r$为第$r$类能源的碳排放系数。这里包括9类能源(即$m=9$),分别指原煤、焦炭、汽油、柴油、燃料油、液化石油气、天然气、热力、电力,根据燃料净发热值和碳排放系数,处理后得到碳排放系数见表3-5,44和12分别为二氧化碳分子量和碳原子量,式中用碳排放量乘以44/12就等于二氧化碳排放量;根据中国工程院、国家环境局、国家科委、国家发改委等国家机构公布的相关数据求平均值,可得电力碳排放系数0.2747 kgc/kWh,热力碳排放系数22.8604 kgc/GJ(张春霞和章蓓蓓等,2010)。$M_{itj}$表示第$i$个省份第$t$年建筑业对第$j$类建筑材料的消耗总量,$\rho_j$表示第$j$类建筑材料的二氧化碳排放系数,这里的建筑材料包括水泥、钢材、玻璃、木材、铝材等5种(即$l=5$),系数依次为:

0.815 kgCO$_2$/kg、1.789 kgCO$_2$/kg、0.966 kgCO$_2$/kg、-842.8 kgCO$_2$/m$^3$、2.6 kgCO$_2$/kg(冯博和王雪青等,2012)。$\varepsilon_j$ 表示第 $j$ 类建筑材料的回收系数,钢材取 0.80,铝材取 0.85,其余材料的回收系数为 0(李兆坚,2007)。

## 7.3　实证分析模型的构建

### 7.3.1　STIRPAT 模型

IPAT 恒等式即"环境影响($I$) = 人口($P$) × 人均财富($A$) × 技术水平($T$)"最早由 Ehrlich 和 Holden(1971)提出,后来为了弥补"其他因素不变的条件下,各因素对因变量产生的总是等比例影响"这一模型缺陷,Dietz 和 Rosa(2003)建立了等式的随机版本,即 STIRPAT 模型:

$$I_i = aP_i^b A_i^c T_i^d \mathrm{e}^{e_i}$$

式中保留了 IPAT 恒等式中的变量及乘法结构,$a$ 为模型的系数,$b$、$c$、$d$ 为各驱动力指数,$\mathrm{e}^{e_i}$ 为误差,$i$ 表示区域范围。对 STIRPAT 模型进行对数化处理并纳入面板数据后,有 $\ln I_{it} = \ln a + b(\ln P_{it}) + c(\ln A_{it}) + d(\ln T_{it}) + e_{it}$,这里 $t$ 表示时间范围。

在本章中,上述模型中的 $I$ 代表建筑业的直接和间接二氧化碳排放之和,单位为万吨;$P$ 是建筑业年末从业人数,单位为万人;$A$ 表示建筑业从业人员的人均行业增加值,单位是万元/万人;$T$ 指建筑业单位行业增加值能耗,单位是吨标准煤/万元,这里的能耗指建筑业的直接和间接耗能之和;$t$ 代表年份;$i$ 表示省份。由于数据缺失和统计口径不一致,只能推算建筑业间接能耗情况。根据历年投入产出表,计算制造水泥、玻璃、钢材、铝材和木材等建筑材料的非金属矿物制品业、木材加工及家具制造业、金属冶炼及压延加工业等各行业的总产出中投入建筑业所占比重的经验值,并结合这些制造业的总能耗推测建筑业的间接能耗值。另外,为消除物价因素的影响,涉及的建筑业行业增加值均换算为 2004 年不变价的实际值。

### 7.3.2　动态空间杜宾面板模型

在现有研究中,采用的动态空间面板形式不尽相同,一般的模型可表示为

$$y_t = \tau y_{t-1} + \delta W y_t + \eta W y_{t-1} + X_t \boldsymbol{\beta}_1 + W X_t \boldsymbol{\beta}_2 + X_{t-1} \boldsymbol{\beta}_3 + W X_{t-1} \boldsymbol{\beta}_4 + \pi Z_t + \boldsymbol{\nu}_t$$

$$\tag{7-1}$$

$$\boldsymbol{\nu}_t = \rho \boldsymbol{\nu}_{t-1} + \lambda W \boldsymbol{\nu}_t + \boldsymbol{\mu} + \boldsymbol{\xi}_t \boldsymbol{\iota}_N + \boldsymbol{\varepsilon}_t \tag{7-2}$$

$$\boldsymbol{\mu} = \kappa W \boldsymbol{\mu} + \boldsymbol{\zeta} \tag{7-3}$$

式中,$y_t$ 表示 $N \times 1$ 的因变量矩阵,由样本中的每个空间单位 $i(i = 1, \cdots, N)$ 在时点 $t(t = 1, \cdots, T)$ 的变量观测值构成。$X_t$ 表示 $N \times k$ 的自变量矩阵,$k$ 代表自变量的个数;$Z_t$ 是 $N \times L$ 的外生解释变量矩阵;$W$ 指 $N \times N$ 的空间权重矩阵,以 $t-1$ 为下标的向量或矩阵乘 $W$ 就等于其空间滞后值。而参数 $\tau$、$\delta$ 和 $\eta$ 分别表示 $y_t$、$W y_t$ 和 $W y_{t-1}$ 反应系数,$k \times 1$ 的向量 $\boldsymbol{\beta}_1$、$\boldsymbol{\beta}_2$、$\boldsymbol{\beta}_3$ 和 $\boldsymbol{\beta}_4$ 分别表示内生解释变量的反应参数,$\pi$ 是 $Z_t$ 的系数。此外,$\boldsymbol{\nu}_t$ 是 $N \times 1$ 的误差向量,被假定为连续的空间相关,$\rho$ 和 $\lambda$ 分别表示连续的自相关系数和空间自相关系数。$N \times 1$ 的向量 $\boldsymbol{\mu} = (\mu_1, \cdots, \mu_N)$ 代表空间特殊效应,用来控制特殊空间的不变时变量,若其被忽略,在典型的截面数据研究中能造成估计有偏(Baltagi, 2005)。类似地,$\boldsymbol{\xi}_t$ 指时空特殊效应;$\boldsymbol{\iota}_N$ 被作为一个 $N \times 1$ 向量用来控制所有的特定时间变量和不变时变量,若被省略会导致在特定时间序列研究中的估计有偏。另外,空间特殊效应被假设存在空间自相关性,$\kappa$ 是其系数,$\boldsymbol{\varepsilon}_t$ 和 $\boldsymbol{\zeta}$ 是干扰项的向量,两者的构成元素满足均值为零且有限方差分别为 $\sigma^2$ 和 $\sigma_{\zeta}^2$ 的条件。

然而,上述模型需要进一步识别,还不能直接用于实证研究。通过设定不同的参数值为零,可获得各类嵌套模型,包括动态(或静态)的空间滞后面板数据模型(spatial lag panel data model, SLPDM)、空间误差面板数据模型(spatial error panel data model, SEPDM)、空间杜宾面板数据模型(spatial Durbin panel data model, SDPDM)等基本模型,其中,空间杜宾模型的优势在于即使真实数据应符合空间滞后(或误差)模型,但估计仍是无偏的。另外,该模型未限定空间溢出效应的大小、对于全局或局部都适用,且兼顾被解释变量和解释变量之间的空间相关性问题,其动态形式又可包括时间滞后变量和时空滞后变量,而这些在其他模型中难以实现。故该模型曾被认为是空间计量分析的起点(LeSage 和 Pace, 2009),从而,关于国家(或地区)间增长与集聚问题的一些研究(Ertur 和 Koch, 2007; Elhorst 等，2010）常采用空间杜宾模型，有的还将其扩展为动态的。因此，为全面探索城镇化对碳排放的影响及其延续性，并能够同时检验解释变量与被解释变量的空间溢出效应，本章选择构建动态空间杜宾面板数据模型。

当式（7-1）中 $\boldsymbol{\beta}_3 = \boldsymbol{\beta}_4 = \mathbf{0}, \lambda = \pi = \kappa = 0$，动态杜宾面板模型的完全形式可表示为

$$\boldsymbol{y}_t = \tau \boldsymbol{y}_{t-1} + \delta \boldsymbol{W} \boldsymbol{y}_t + \eta \boldsymbol{W} \boldsymbol{y}_{t-1} + \boldsymbol{X}_t \boldsymbol{\beta}_1 + \boldsymbol{W} \boldsymbol{X}_t \boldsymbol{\beta}_2 + \boldsymbol{\alpha} + \boldsymbol{\gamma} + \boldsymbol{\nu}_t \qquad （模型 \text{I}）$$

Elhorst（2003）提出包括固定效应、随机效应、固定参数、随机参数模型在内的面板数据估计方法。然而，如果样本恰好是全体或样本抽样量接近全体，这种效应就是固定的，因为此时空间个体代表其本身而不是被随机抽样的。本章的回归分析局限于中国省级区划单位这些特定个体，因而采用固定效应模型更为合理（Baltagi，2005）。模型 I 中纳入的参数 $\boldsymbol{\alpha}$ 和 $\boldsymbol{\gamma}$ 分别用来表示个体固定效应和时间固定效应的向量，两者可能同时存在，当略去其中一项时表示只存保留的那项效应。此外，动态空间杜宾面板模型还存在以下两种常见的形式：

当 $\boldsymbol{\beta}_3 = \boldsymbol{\beta}_4 = \mathbf{0}, \lambda = \pi = \kappa = \eta = 0$ 时，

$$\boldsymbol{y}_t = \tau \boldsymbol{y}_{t-1} + \delta \boldsymbol{W} \boldsymbol{y}_t + \boldsymbol{X}_t \boldsymbol{\beta}_1 + \boldsymbol{W} \boldsymbol{X}_t \boldsymbol{\beta}_2 + \boldsymbol{\alpha} + \boldsymbol{\gamma} + \boldsymbol{\nu}_t \qquad （模型 \text{II}）$$

当 $\boldsymbol{\beta}_3 = \boldsymbol{\beta}_4 = \mathbf{0}, \lambda = \pi = \kappa = \tau = 0$ 时，

$$\boldsymbol{y}_t = \delta \boldsymbol{W} \boldsymbol{y}_t + \eta \boldsymbol{W} \boldsymbol{y}_{t-1} + \boldsymbol{X}_t \boldsymbol{\beta}_1 + \boldsymbol{W} \boldsymbol{X}_t \boldsymbol{\beta}_2 + \boldsymbol{\alpha} + \boldsymbol{\gamma} + \boldsymbol{\nu}_t \qquad （模型 \text{III}）$$

在模型 I、II、III 中，设定

$$\boldsymbol{y}_t = \left[ \ln I_{1t}, \ln I_{2t}, \cdots, \ln I_{Nt} \right]^{\mathrm{T}}$$

$$\boldsymbol{X}_t = \begin{pmatrix} \ln P_{1t} & \ln A_{1t} & \ln T_{1t} \\ \ln P_{2t} & \ln A_{2t} & \ln T_{2t} \\ \vdots & \vdots & \vdots \\ \ln P_{Nt} & \ln A_{Nt} & \ln T_{Nt} \end{pmatrix}, t = 1, 2, \cdots, T$$

则可构成三种不同的动态空间杜宾面板的实证分析模型。

### 7.3.3　直接效应和间接效应

近些年，在空间计量经济学领域因变量的直接、间接及空间溢出效应受到越来越多的关注。模型 I 可变形为

$$y_t = (I - \delta W)^{-1}(\tau I + \eta W)y_{t-1} + (I - \delta W)^{-1}(X_t \boldsymbol{\beta}_1 + WX_t \boldsymbol{\beta}_2) + (I - \delta W)^{-1}\boldsymbol{\nu}_t + (I - \delta W)^{-1}(\boldsymbol{\alpha} + \boldsymbol{\gamma})$$

对 $y$ 求关于矩阵 $X$ 中第 $k$ 个自变量的偏导数,并由在某个时点上第 1 到 $N$ 个个体的这种偏导数构成矩阵,如下所示:

$$\left[\frac{\partial \boldsymbol{y}}{\partial x_{1k}}, \cdots, \frac{\partial \boldsymbol{y}}{\partial x_{Nk}}\right]_t = (I - \delta W)^{-1}(\boldsymbol{\beta}_{1k}\boldsymbol{I}_N + \boldsymbol{\beta}_{2k}\boldsymbol{W}) \tag{7-4}$$

在式(7-4)中,这些偏导数代表短期内在某一特定空间单位 $X$ 的变化对其他单位个体的因变量产生的效应。同样,长期效应的表达式为

$$\left[\frac{\partial \boldsymbol{y}}{\partial x_{1k}}, \cdots, \frac{\partial \boldsymbol{y}}{\partial x_{Nk}}\right]_t = \left[(1 - \tau)\boldsymbol{I} - (\delta + \eta)\boldsymbol{W}\right]^{-1}(\boldsymbol{\beta}_{1k}\boldsymbol{I}_N + \boldsymbol{\beta}_{2k}\boldsymbol{W}) \tag{7-5}$$

在式(7-5)中,当 $\delta = \beta_{2k} = 0$ 时短期间接效应为零,当 $\delta = -\eta$ 和 $\beta_{2k} = 0$ 时长期间接效应为零。因此,杜宾模型能被用于表示长期和短期的直接或间接(空间溢出)效应,从这个角度来看,该模型较为理想。尽管对于不同的样本,个体直接和间接效应是不同的,Lesage 和 Pace(2009)提出直接效应能用对角元素均值来表示,而间接效应可用非对角元素的行和均值表示。因此,需要通过公式来进一步表达这些效应。短期直接效应和间接效应的公式分别为 $\left[(I - \delta W)^{-1}(\beta_{1k}\boldsymbol{I}_N + \beta_{2k}\boldsymbol{W})\right]^{\overline{d}}$ 和 $\left[(I - \delta W)^{-1}(\beta_{1k}\boldsymbol{I}_N + \beta_{2k}\boldsymbol{W})\right]^{\overline{rsum}}$。长期直接效应和间接效应公式分别是 $\left\{\left[(1 - \tau)\boldsymbol{I} - (\delta + \eta)\boldsymbol{W}\right]^{-1}(\beta_{1k}\boldsymbol{I}_N + \beta_{2k}\boldsymbol{W})\right\}^{\overline{d}}$ 和 $\left\{\left[(1 - \tau)\boldsymbol{I} - (\delta + \eta)\boldsymbol{W}\right]^{-1}(\beta_{1k}\boldsymbol{I}_N + \beta_{2k}\boldsymbol{W})\right\}^{\overline{rsum}}$。在上述表达式中,$\overline{d}$ 表示对角元素的均值,$\overline{rsum}$ 表示非对角元素的行和均值。

# 7.4 检验估计方法与数据来源

### 7.4.1 全局空间相关性检验

全局空间相关指数(Moran's I)可用于整体刻画碳排放的空间分布模式,检验某一要素属性值是否显著地与其相邻空间点上的属性值相关联。Moran's I 的表达式为

$$Moran's\ I = \frac{\sum\limits_{i=1}^{n} \sum\limits_{j=1}^{n} W_{ij}(Y_i - \overline{Y})(Y_j - \overline{Y})}{\frac{1}{n} \sum\limits_{i=1}^{n} (Y_i - \overline{Y})^2 \sum\limits_{i=1}^{n} \sum\limits_{j=1}^{n} W_{ij}}$$
$$(i,j = 1, 2, \cdots, n) \tag{7-6}$$

式中，$\overline{Y} = \frac{1}{n} \sum\limits_{i=1}^{n} Y_i$，$Y_i$、$Y_j$ 分别代表第 $i$ 和第 $j$ 省域（或地区）建筑业二氧化碳排放总量的测算值，$n$ 为省级行政区域数量。空间权重矩阵 $\boldsymbol{W}$ 的任一元素 $W_{ij}$ 表示任意两个省级行政区域之间的相互关联程度，其构建方法参见第 4 章。

$Moran's\ I \in [-1,1]$，若为正，表示各省域建筑业碳排放之间存在空间正相关性；若为负，表示各省域建筑业碳排放之间存在空间负相关性，而绝对值越大关联性越强；若等于 0，则表明其间无关联性。同时，正态假设条件下，其期望值 $E(I)$、方差 $\mathrm{var}(I)$、标准差 $SE(I)$ 及标准化 $Z$ 值 $z(I)$ 的表达式分别为

$$E(I) = -\frac{1}{n-1} \tag{7-7}$$

$$\mathrm{var}(I) = \frac{n^2 W_1 + n W_2 + 3W_0^2}{W_0^2(n^2 - 1)} - E^2(I) \tag{7-8}$$

$$SE(I) = \sqrt{\mathrm{var}(I)} \tag{7-9}$$

$$z(I) = \frac{I - E(I)}{SE(I)} \tag{7-10}$$

式中，$W_0 = \sum\limits_{i=1}^{n} \sum\limits_{j=1}^{n} W_{ij}$，$W_1 = \frac{1}{2} \sum\limits_{i=1}^{n} \sum\limits_{j=1}^{n} (W_{ij} + W_{ji})^2$，$W_2 = \sum\limits_{i=1}^{n} (W_i + W_j)^2$，$W_i$ 和 $W_j$ 分别为 $\boldsymbol{W}$ 的第 $i$ 行和第 $j$ 列之和，$z(I)$ 用以检验 $n$ 个区域是否存在空间自相关性。

### 7.4.2　参数估计方法与数据来源

目前，动态空间面板数据模型的一些估计方法已得到一定程度的发展，包括偏差修正的极大似然法和类似极大似然法、基于工具变量或广义动差的估计方法、马尔可夫链蒙特卡尔估计法等。对于这些方法，最大的问题之一就是模型中 $\boldsymbol{W}y_t$ 的系数 $\delta$ 存在偏差，然而并非每种方法都能有效解决偏差问题。因为极大似然法和类似极大似然法被广泛用于偏差修

正,故在本章中选用该方法。Yu 等(2008)提出了一种纠偏估计方法,针对的是带有 $y_{t-1}$、$Wy_t$、$Wy_{t-1}$ 和空间固定效应项的动态空间模型。Lee 和 Yu(2010)的后续研究又将其扩展到涵盖时间固定效应的模型。首先,以样本中每个空间单元回归量 $y_{t-1}$ 和 $Wy_{t-1}$ 的首个观测值为条件,用极大似然法来估计该模型。其次,为极大似然回归提出严格的渐进理论并推出能够纠正偏差的极大似然估计法。最后,当 $y_{t-1}$ 或 $Wy_{t-1}$ 从方程中被剔除时,这种估计法仍然有效。

此外,本章采用中国 29 个省份 2004—2013 年的面板数据,考虑到数据的完整性,香港、澳门、台湾、青海和西藏未被包括在内。所有数据均来自相关年份的《中国统计年鉴》《中国能源统计年鉴》《中国建筑业统计年鉴》及各省级行政区统计年鉴。

## 7.5 实证结果分析

### 7.5.1 空间自相关性检验

如图 7-2 所示,2004—2013 年,中国省域碳排放空间分布的全局 Moran's I 指数波动幅度不大,一直处在 0.06 ~ 0.12,并且显著性水平均低于 5%。显然,整体来看,各省的碳排放总量之间存在较强的正相关性。也就是说,一些碳排放量较高的省域之间距离更近,而碳排放量较低省域的地理位置相对集中。碳排放的空间分布并非完全独立,空间溢出效应的存在使得某一省份的碳排放会受到其邻省的影响。

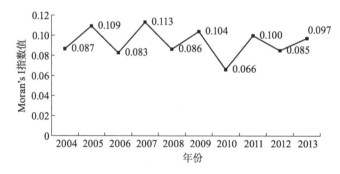

**图 7-2 2004—2013 年中国省域碳排放空间分布的全局 Moran's I 指数值**

### 7.5.2  估计结果分析

三种动态空间杜宾面板数据模型的估计结果如表7-1所示。

表 7-1  三种动态空间杜宾面板数据模型的估计结果

| 变量 | 模型Ⅰ | | 模型Ⅱ | | 模型Ⅲ | |
|---|---|---|---|---|---|---|
| | 动态空间杜宾面板数据模型(包含时间滞后和时空滞后因变量) | | 动态空间杜宾面板数据模型(包含时间滞后因变量) | | 动态空间杜宾面板数据模型(包含时空滞后因变量) | |
| | 系数 | T统计值 | 系数 | T统计值 | 系数 | T统计值 |
| $\ln(I)_{-1}$ | 0.081** | 2.03 | 0.099** | 2.53 | — | — |
| $W \cdot \ln(I)_{-1}$ | 0.193** | 2.19 | — | — | 0.438*** | 5.07 |
| $W \cdot \ln I$ | 0.415*** | 8.14 | 0.475*** | 5.83 | 0.342*** | 3.79 |
| $\ln P$ | 0.637*** | 8.14 | 0.645*** | 8.20 | 0.656*** | 8.46 |
| $\ln A$ | 0.652*** | 10.31 | 0.647*** | 10.28 | 0.710*** | 11.52 |
| $\ln T$ | 0.774*** | 18.31 | 0.774*** | 18.26 | 0.807*** | 20.46 |
| $W \cdot \ln P$ | −0.295* | −1.75 | −0.130 | −1.31 | −0.380** | −2.26 |
| $W \cdot \ln A$ | −0.250* | −1.65 | −0.141 | −0.92 | −0.381*** | −2.52 |
| $W \cdot \ln T$ | −0.506** | −2.85 | −0.465* | −2.63 | −0.541*** | −3.05 |
| $\sigma^2$ | 0.4154 | | 0.0302 | | 0.0302 | |
| $R^2$ | 0.8494 | | 0.8488 | | 0.8477 | |
| 对数似然值 | 96.8750 | | 94.5651 | | 93.9950 | |

注:*、**和***分别表示 P 值达到1%、5%和10%以下,下标 −1 指该变量的滞后值。

比较模型的 $R^2$、$\sigma^2$ 和对数似然值,模型Ⅱ和Ⅲ要优于模型Ⅰ,根据变量系数估计的显著性水平,进一步发现模型Ⅲ更适于表示建筑业碳排放与各个影响因素之间的关系。故以下实证分析均以该模型的估计结果为依据。

(1)$W \cdot \ln I$ 和 $W \cdot \ln(I)_{-1}$ 的估计系数分别是 0.342 和 0.438,显著性水平都在1%。这说明,某省建筑业碳排放总量(包括直接和间接碳排放量)增加会同时拉动当期和未来一期邻省的同行业碳排放总量,且在未来一期这一影响力更强。

(2)$\ln P$ 和 $W \cdot \ln P$ 的估计系数分别为 0.656 和 −0.380,显著性水

平分别是 1% 和 5%,说明本省的建筑业从业人数与碳排放量呈现同向变化的关系,而与邻省建筑业碳排放量却是负相关的。如图 7-3 所示,2003—2013 年,建筑业从业人数不断上升,年均增速为 6.75%。与此同时,尽管在 2013 年出现过大幅下跌,我国建筑业的碳排放总量和间接碳排放量总体增长的趋势非常一致,从 2004 年的 5.97 亿吨和 5.53 亿吨分别增至 2013 年的 23.55 亿吨和 21.95 亿吨,它们的年均增速分别达到 16.48% 和 16.56%,而建筑业间接碳排放占总排放比重始终在 90% 以上。显然,建筑业从业人数的增加会拉动碳排放总量不断上升,而这一增长势头有 90% 以上来自间接碳排放的贡献,说明建筑业规模扩张对建筑材料制造业的拉动力在促进碳排放增长方面起到主导作用。具体来看,某省建筑业就业人数的增加除体现了建筑行业自身规模扩大之外,还会加快带动其相关联行业(如建筑材料制造业等)在本省的发展壮大,其带有的竞争性及运输的便利性,会一定程度上削弱邻省建筑材料制造业的发展势头,随之而来的是对邻省建筑业间接碳排放增加的抑制作用,这是本省建筑业从业人数与邻省建筑业碳排放量反向变化的主要原因。

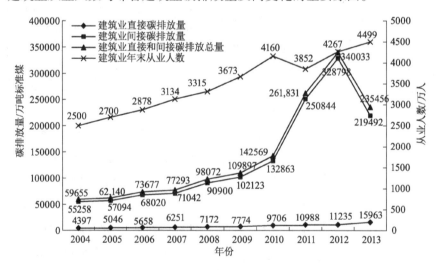

图 7-3  2004—2013 年中国建筑业碳排放量及年末从业人数

(3) $\ln A$ 和 $W \cdot \ln A$ 的估计系数分别为 0.710 和 -0.381,显著性水平均为 1%。可见,本省建筑业从业人员的人均行业增加值与碳排放量呈现同向变化的关系,而与邻省建筑业碳排放量变化是负相关的。某省建筑业从业人员的人均行业增加值虽然不能直接等同于本省该行业从业者的人均收入和生活水平,但构成行业就业者人均收入和生活水平的主要物质基础,是提高他们收入水平、改善生活条件的重要参照指标。如图7-4所示,在全国范围内这一指标值以14.13%的年均增速不断上涨,从2004年的1.75万元增至2013年的5.74万元。因为某省建筑业人均行业增加值的增加往往意味着行业从业人员收入水平的提高,从而吸引了更多劳动力到本省建筑行业就业,而新增的劳动力应部分来自于邻省同行业的转移,所以,人均行业增加值对本省行业碳排放量起扩张的作用,对于邻省则相反。

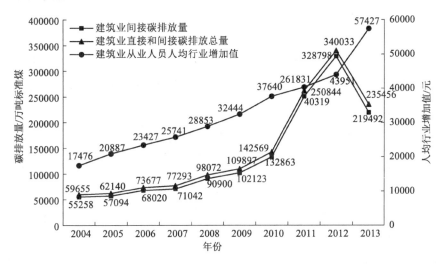

**图7-4 我国2004—2013年中国建筑业碳排放量及人均行业增加值**

(4) $\ln T$ 和 $W \cdot \ln T$ 的估计系数分别为 0.807 和 −0.541,显著性水平都是1%。可见,建筑业单位行业增加值能耗与碳排放量呈同向变化的关系,相关系数的绝对值是所有估计系数中最大的,而各省域建筑业单位增加值能耗与邻省建筑业碳排放量是负相关的。具体来说,随着某省建筑行业相关科技创新的发展与节能减排技术的进步,其单位增加值能耗会减少,使得本省行业碳排放总量下降,该种影响力在所有因素中是最大的,然而,邻省建筑业碳排放总量没有随之下降反上升了,预计对邻省的技术溢出效应显然未能显现。因为本章的建筑行业单位增加值能耗指间接和直接能耗之和,各省的这一指标值降低不仅是因为行业本身节能减排技术水平的提升,还由于部分能源密集型的建筑材料制造业向邻省的转移,正是这种转移大大抵消了本省的技术溢出效应,使其没能在邻省充分显现降碳效应。

(5)各个自变量的短期(长期)的直接(间接)效应如表7-2所示。在短期内,$\ln P$、$\ln A$ 和 $\ln T$ 的直接效应均显著不为零,且与模型Ⅲ中各个自变量的估计系数符号一致,都为正,而间接效应都不够显著;在长期的条件下,直接和间接效应的情况相同,所不同的是,短期内所有自变量的总效应都大于零且较为显著,而长期内只有 $\ln P$ 的总效应显著,其余都不够显著。根据直接效应的估计结果,无论是在短期还是在长期,某省建筑行业的从业人数、人均增加值或单位增加值能耗的增加,都会促进本省建筑业碳排放总量的上升。然而,在长期或者短期内,相邻省域在建筑业碳排放方面的相互影响力并不显著,由于一些不确定因素的介入,情况就变得比较复杂。

表7-2　在长(短)期内模型Ⅲ的直接(间接)效应估计

| 变量 | 短期 | | | 长期 | | |
| --- | --- | --- | --- | --- | --- | --- |
| | 直接效应 | 间接效应 | 总效应 | 直接效应 | 间接效应 | 总效应 |
| $\ln P$ | 0.708*** (10.42) | −0.186 (−1.03) | 0.522*** (2.65) | 0.545*** (5.11) | 0.577 (1.08) | 1.122** (1.91) |
| $\ln A$ | 0.655*** (7.81) | −0.196 (−0.94) | 0.459** (2.14) | 0.468*** (3.92) | 0.429 (0.70) | 0.897 (1.34) |
| $\ln T$ | 0.797*** (18.52) | −0.350 (−1.37) | 0.447* (1.61) | 0.678*** (7.97) | 0.454 (0.61) | 1.132 (1.40) |

注:*、**和***分别表示 $P$ 值达到1%、5%和10%以下,括号内的值是 $t$ 值。

## 7.6 基于江苏的实证分析

### 7.6.1 江苏城镇化发展概况

如图 7-5 所示,2006—2013 年,江苏省常住人口由 7655.66 万人增至 7939.49 万人,全省城镇化率从 51.9% 提高到 64.1%,居全国第七,高出全国平均水平 10.4 个百分点;按照城镇化三阶段论,城镇化率超过 60%,表示江苏整体上已处于成熟的城镇化社会,即将进入城镇化的稳定阶段。同时,江苏省的经济总量达 5.9 万亿元,人均 GDP 突破 1 万美元,达到上中等收入国家和地区水平。

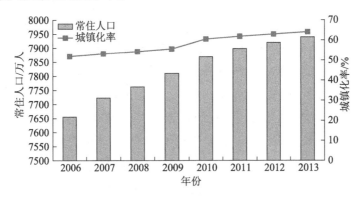

**图 7-5 江苏省常住人口和城镇化率的变化**

江苏各地区城镇化发展水平不平衡。与经济发展水平一样,三大区域的城镇化率也呈南北梯度排列。2013 年,苏南超过 70%,苏中接近 60%,苏北则在 55% 左右。而从 13 个省辖市的数据看,南京最高,宿迁最低,城镇化率的差距近 30 个百分点。不难看出,苏北、苏中未来提升空间更大,将是江苏继续提高整体城镇化水平的主要动力。城镇化程度越成熟,速度就越退居其次,这在江苏省城镇化率最高的南京有所体现。如图 7-6 所示,2012 年,南京市城镇化率在全省首破 80%,达到 80.23%,而 2013 年南京市城镇化率仅提升至 80.5%,增幅不足 0.3 个百分点。

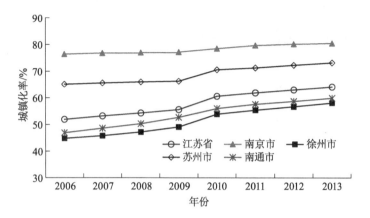

图 7-6　2006—2013 年江苏省与四市城镇化率的变化

### 7.6.2　江苏生产部门能源消耗与碳排放概况

随着经济的高速增长和城镇化进程的不断加快,江苏能源消耗总量以较快的速度上升,从 2000 年的 8612.43 万吨标准煤增加到 2014 年的 2.99 亿吨标准煤,年均增速达 9.28% 。与 2013 年相比,2014 年的能源消费总量环比增速为 2.25% 。如表 7-3 所示,在 2013 年全省能源消费总量中,原煤占 61.75% ,尽管自 1995 年以来该类能源消费所占比重已累计下降约 9 个百分点,但其基础性地位未发生根本性改变。此外,焦炭的消耗比重总体上升,已接近 10% ;燃料油的消耗比重已降至 1% 以下;天然气消耗所占比重呈现增加趋势,升至 5.12% ,不过相对煤炭类高污染能源仍明显偏低。可见,近些年来,江苏以煤为基础、多元发展的能耗结构已有所改善,但不平衡的能耗结构在短期内难以得到根本改变,对储备多且相对廉价的煤炭过分依赖仍然是目前的主要能耗特征,很大程度上也反映了江苏产业结构现状和不可持续的粗放发展方式,过度依靠能源资源投入支撑经济增长的发展方式没有明显改观。

表7-3　江苏省石化能源消耗结构

| 年份 | 原煤 | 焦炭 | 原油 | 汽油 | 煤油 | 柴油 | 燃料油 | 天然气 |
|------|------|------|------|------|------|------|--------|--------|
| 1995 | 70.98% | 3.91% | 16.06% | 2.68% | 0.14% | 3.62% | 2.57% | 0.03% |
| 2000 | 64.37% | 3.83% | 20.21% | 2.83% | 0.59% | 5.17% | 2.97% | 0.03% |
| 2005 | 64.55% | 8.15% | 17.04% | 3.26% | 0.17% | 3.95% | 1.94% | 0.95% |
| 2007 | 64.28% | 8.72% | 15.59% | 3.19% | 0.14% | 3.94% | 1.50% | 2.64% |
| 2009 | 62.60% | 9.00% | 15.87% | 3.60% | 0.13% | 3.99% | 1.29% | 3.52% |
| 2011 | 63.63% | 9.97% | 13.86% | 3.96% | 0.21% | 3.60% | 0.70% | 4.06% |
| 2012 | 63.00% | 9.78% | 13.38% | 4.37% | 0.25% | 3.72% | 0.72% | 4.78% |
| 2013 | 61.75% | 9.59% | 15.00% | 4.06% | 0.29% | 3.39% | 0.81% | 5.12% |

资料来源:根据历年《中国能源统计年鉴》的原始数据计算而得。

1996—2013 年间江苏省石化能源总能耗的碳排放量由 6481 万吨迅速上升至 22226 万吨,累计增幅超过 3.7 倍,在 2005 年达到环比增速的高峰 29.49%;不过,此后的增长显著减缓,2008 年和 2009 年的增速得到较好的控制,分别为 0.85% 和 4.62%,2012 年和 2013 年整体增速控制在 1.5%~2.5%之间。总的来看,江苏碳排放总量增长显著,增速有所放缓,但上升压力仍然巨大。

近些年,每年生产部门石化能源消费的 $CO_2$ 排放占到总排放量的 90% 以上,年均增长率已经超过 10%。由图 7-7 可知,在 1995 年,工业碳排放在江苏生产部门中所占比重接近 90%,2000 年所占比重是 85.37%,即使到 2013 年有所下降,也占到 83.36%;而建筑业碳排放在江苏生产部门中所占比重在 1995 年和 2000 年时都不足 0.3%,到 2013 年达到 1.69%,这主要源自行业的急剧扩张。

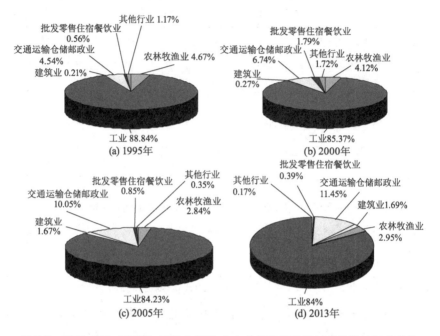

**图 7-7　1995、2000、2005 和 2013 年江苏省生产部门终端能耗碳排放的行业结构**

（资料来源：根据历年《中国能源统计年鉴》中"江苏地区能源平衡表"的数据整理计算）

### 7.6.3　测度结果分析

如表 7-4 所示,建筑业的直接和间接碳排放一直都呈现快速上升态势,2004—2013 年间,两者的年均增速分别达到 11.08% 和 13.87% ,建筑业碳排放总量由 7245.73 万吨增至 23159.43 万吨,其中间接排放所占比重始终高于 96% 且持续增加,自 2007 年开始超过 97% ,这说明建筑业发展对环境的影响主要源自所耗建筑材料引起的碳排放,建筑业与建材工业的低碳发展从来都是息息相关的。从碳排放强度来看,建筑业间接碳排放强度远大于直接碳排放强度,若从碳排放强度的角度出发,建筑业本身并非高耗能高排放行业,而其带动建材工业发展所引起的碳排放加速增长才是其成为所谓的"高碳"行业的真正诱因。由表 7-4 可知,建筑业直接和间接碳排强度分别以 – 5.40% 、– 4.57% 的年均增速变化,说明通过控制建筑业间接碳排放而实现的总体减排效果仍有较大的提升空间,间接能源消耗的结构效应、强度效应等对碳排放起到较强的负向影响作用未能得到充分发挥。可见,应充分考虑建筑相关行业发展的关联性与协调性,做到建筑材料制造业的统筹安排、优化布局与均衡发展,积极推进创新型建筑业低碳发展模式,刺激并带动其上下游产业对生产和使用低碳产品的需求。

表 7-4　江苏建筑业直接和间接碳排放测度结果

| 年份 | 建筑业直接碳排放量/万吨 | 建筑业间接碳排放量/万吨 | 建筑业碳排放总量/万吨 | 建筑业直接碳排放强度/(吨·万元$^{-1}$) | 建筑业间接碳排放强度/(吨·万元$^{-1}$) | 建筑业总碳排放强度/(吨·万元$^{-1}$) |
|---|---|---|---|---|---|---|
| 2004 | 255.52 (3.53%) | 6990.21 (96.47%) | 7245.73 | 0.356 | 9.732 | 10.088 |
| 2005 | 261.91 (3.53%) | 7147.25 (96.47%) | 7409.16 | 0.292 | 7.969 | 8.261 |
| 2006 | 281.71 (3.39%) | 8027.98 (96.61%) | 8309.69 | 0.256 | 7.300 | 7.556 |
| 2007 | 310.72 (2.95%) | 10204.74 (97.05%) | 10515.46 | 0.223 | 7.330 | 7.553 |
| 2008 | 366.00 (2.70%) | 13184.43 (97.30%) | 13550.43 | 0.248 | 8.934 | 9.182 |
| 2009 | 404.43 (2.90%) | 13551.14 (97.10%) | 13955.57 | 0.198 | 6.644 | 6.842 |
| 2010 | 465.11 (2.88%) | 15698.16 (97.12%) | 16163.27 | 0.203 | 6.865 | 7.068 |
| 2011 | 534.27 (2.79%) | 18644.34 (97.21%) | 19178.61 | 0.196 | 6.13 | 6.326 |
| 2012 | 559.16 (2.60%) | 20909.95 (97.40%) | 21469.11 | 0.164 | 6.65 | 6.813 |
| 2013 | 658.11 (2.84%) | 22501.32 (97.16%) | 23159.43 | 0.216 | 6.39 | 6.606 |
| 年均增速 | 11.08% | 13.87% | 13.78% | -5.40% | -4.57% | -4.60% |

注:① 建筑业碳排放总量指建筑业直接碳排放量与间接碳排放量之和;
　　② 括号内的百分数表示建筑业直接或间接碳排放在碳排放总量中所占比重;
　　③ 建筑业直接和间接碳排放强度是由直接和间接碳排量分别除以按 2011 年不变价的行业增加值而求得。

### 7.6.4　运算结果分析

改革开放以来,江苏先后经历了以苏南乡镇工业驱动的小城镇快速发展阶段、以开发区建设和外向型经济驱动的大中城市加快发展阶段,以及以城乡发展一体化为引领、全面提升城乡建设水平的发展阶段。经过这三个阶段,江苏的城镇化率已经从当初的15%上升到现在的65%。由于江苏省建筑业碳排放增长问题和城镇化发展共同组成一个动态系统,关联度随着系统的发展、数据列的增长不断变化。这个变化能反映系统的发展态势,便于在城镇化背景下对该省建筑业低碳发展机制进行宏观上的回顾与反思。可见,对江苏城镇化发展与建筑业碳排放增长进行灰色关联度分析,有助于决策者对系统有效进行调整和控制,更加具有现实意义。为此,根据构造的序列和选取的原始数据,按上述步骤进行灰色综合关联度计算,分别求出江苏建筑业直接碳排放、间接碳排放、总碳排放与城镇化率水平的灰色综合关联度,见表7-5。

**表7-5  江苏城镇化水平与建筑业各类碳排放指标值的灰色综合关联度**

| 相关因素 | 建筑业直接碳排放 | 建筑业间接碳排放 | 建筑业总碳排放 | 建筑业直接碳排放强度 | 建筑业间接碳排放强度 | 建筑业总碳排放强度 |
|---|---|---|---|---|---|---|
| 灰色综合关联度 | $\rho_{01}$ | $\rho_{02}$ | $\rho_{03}$ | $\rho_{04}$ | $\rho_{05}$ | $\rho_{06}$ |
| 关联度值 | 0.5873 | 0.5531 | 0.5537 | 0.5402 | 0.5500 | 0.5495 |

相关数据显示,1995—2013年江苏省碳排放的增速明显,2005年时达到历史峰值,这一年正是城镇化率水平突破50%进入高速发展的转折年,城镇化率与二氧化碳排放量同时呈现增长态势。由表7-5可知,江苏省建筑业各类碳排放及其强度与城镇化率的灰色综合关联度均超过0.5,处于较高水平,各个灰色综合关联度值排序为$\rho_{01} > \rho_{03} > \rho_{02} > \rho_{05} > \rho_{06} > \rho_{04}$。可见,江苏城镇化水平与建筑业碳排放的关联性均要强于其与建筑业碳排放强度的关联性,同时,城镇化发展对于建筑业间接碳排放强度的影响大于对建筑业直接碳排放强度的作用,与之相反,建筑业直接碳排放量与城镇化水平的关联度却要大于行业间接碳排放与之的关联性。一方面,依托于城镇化发展契机推动建筑业节能减排技术进步与创新、能源结构优化的降碳效果应得到更加充分的发挥;另一方面,城镇化发展对于降低建筑相关行业碳排放强度已起到一定的推动作用,且超过对于建筑业

直接碳排放强度的影响程度,说明在新型城镇化背景下如何实现建筑业特别是其相关行业的低碳化转型显得尤为重要。如何处理好建筑业低碳发展与新型城镇化发展、建材工业转型升级之间的关系,成为未来工作的重点内容。

此外,江苏城镇化发展对建筑业碳排放的影响力比较强,但社会经济系统对生态系统并非是单纯的依赖关系,而是表现为压力—承载—反馈的互动的耦合关系,即城镇化发展与建筑能源消耗和二氧化碳排放形成系统间因果关系的耦合。江苏省建筑业碳排放量的增加与城镇化发展并不完全同步,而是正向脱钩状态过渡中,说明在新型城镇化进程中政府重视节能减排,并取得一定成效,但由于节能和技术创新的非连续性,城镇低碳化发展的技术创新需要政府的大力扶持。

## 7.7　本章小结

基于 STIRPAT 模型及动态空间杜宾面板数据模型,根据 2004—2013 年中国 29 个省域的面板数据,本章实证分析了我国建筑产业碳排放的影响因素。此外,采用极大似然法和类似极大似然法估计模型,因其可以纠正偏差。根据模型估计结果,包含时空滞后因变量的动态空间杜宾面板数据模型更适于描述建筑产业碳排放的影响因素。在该模型中,所有变量的估计系数都显著为正,其空间溢出效应都显著为负,具体结论包括:

(1)省域建筑业直接和间接碳排放总量的增加会带来邻省同行业的碳排放总量增长,说明这种跨省影响力不仅在当期发挥效应,还在未来一期持续并有所增强。

(2)建筑业从业人数的增加会导致该行业碳排放总量上升,这大部分源自随之而来的建筑材料制造业扩张。另外,某个省份建筑业从业人数增加意味着生产规模的扩大,刺激本省建筑材料制造业的加快发展,由于竞争性的存在会一定程度上抑制邻省同行业的发展,因此,本省建筑业人数与邻省建筑业碳排放量之间呈现反向变化的关系。

（3）各省建筑业从业人员的人均行业增加值与碳排放量呈现同向变化的关系，而与邻省建筑业碳排放量变化却是负相关的；建筑行业相关科技创新的发展与节能减排技术的进步使得同一个区域范围内行业碳排放总量下降，然而，对于相邻区域而言，预计的技术溢出效应却未得到显现。

综合上述结论并结合长（短）期直接（间接）效应的检验结果可知：第一，无论是在长期内还是短期内，适当控制建筑行业就业人数及行业人员工资水平的上涨，会在所属区域内对节能减排产生积极影响，对于相邻区域则是消极影响，但两者叠加后在全国范围内积极效应占主导，最终整体实现降碳效果；第二，应充分考虑到地域间相关行业发展的关联性与协调性，做到建筑材料制造业的统筹安排、优化布局与均衡发展，积极推进创新型建筑业低碳发展模式，刺激并带动其上下游产业对生产和使用低碳产品的需求；第三，在建筑业及其相关领域，节能减排技术的发展与创新、低碳能源的开发与利用是低碳发展最为重要的关键环节，借此提高各区域或省域建筑业及其相关行业的投入产出效益，才能使低碳转型成为建筑产业发展的核心竞争力；第四，从长期和短期视角出发，审慎选择和实施建筑行业的低碳发展路径，确保其渐进的良好作用持久且有效。

# 参考文献

［1］ Liu Y, Xiao H W, Zikhali P, et al. Carbon emission in China：A spatial econometric analysis at the regional level［J］. Sustainability, 2014, 6(9)：6005 − 6023.

［2］ Farhani S, Ozturk I. Causal relationship between $CO_2$ emissions, real GDP, energy consumption, financial development, trade openness, and urbanization in Tunisia［J］. Environ Sci Pollut Res, 2015, 22：15663 − 15676.

［3］ 马克思. 1844 年经济学哲学手稿［M］. 北京：人民出版社, 2000：53,57.

［4］ 马克思,恩格斯. 马克思恩格斯全集(第 25 卷)［M］. 北京：人民出版社,1974：116 − 117.

［5］ 莱斯特·R. 布朗. 生态经济：有利于地球的经济构想［M］. 台湾：东方出版社,2002：65.

［6］ 陶爱萍,杨松,李影. 城镇化质量对碳排放空间效应的影响——以长三角地区 16 个城市为例［J］. 城市问题, 2016, 12：11 − 18.

［7］ Wang J, Fang C L, Guan X L, et al. Urbanization, energy consumption, and carbon dioxide emissions in China：A panel data analysis of China's provinces［J］. Applied Energy, 2014, 136(C)：738 − 749.

［8］ 王世进. 我国城镇化进程中碳排放影响因素的实证研究［J］. 环境工程, 2017(6)：146 − 150.

［9］ Feng K S, Hubacek K, Guan D B. Lifestyles, technology and $CO_2$ emissions in China：A regional comparative analysis［J］. Ecological Economics，2009，69(1):145－54.

[10] Xu S C，He Z X，Long R Y. Factors that influence carbon emissions due to energy consumption in China：Decomposition analysis using LMDI [J]. Applied Energy，2014，127:182－193.

[11] 刘丙泉，程凯，马占新. 城镇化对物流业碳排放变动影响研究[J]. 中国人口·资源与环境，2016(3):54－60.

[12] Xu B，Lin B Q. How industrialization and urbanization process impacts on $CO_2$ emissions in China：Evidence from nonparametric additive regression models[J]. Energy Economics，2015，48:188－202.

[13] 胡雷，王军锋. 我国城镇化对二氧化碳排放的长期影响和短期波动效应分析[J]. 干旱区资源与环境，2016(8):94－100.

[14] 宋书巧，陈嘉妮. 广西低碳城(镇)发展路径研究[J]. 沿海企业与科技，2018(1):42－45.

[15] 李超，李宪莉. 低碳城市环境管理机制构建研究——以天津生态城为例[J]. 绿色科技，2018(6):91－94.

[16] 李超，西伟力，卢丹，等. 基于绿色建筑的城市低碳规划建设管理实施机制研究——以天津生态城为例[A]. 2016中国环境科学学会学术年会论文集(第一卷)[C]. 中国环境科学学会，2016:6.

[17] 郭卫香，孙慧. 西北5省碳排放与产业结构碳锁定的灰色关联分析[J]. 工业技术经济，2018，37(7):119－127.

[18] 李宏伟，赵文博，李镜. "一带一路"建设背景下我国碳锁定的发展态势及其防范[J]. 生态经济，2019，35(8):13－19.

[19] 孙丽文，任相伟. 我国"碳锁定"治理过程中的诸方博弈研究——基于制度解锁视角[J]. 企业经济，2019(8):53－59.

[20] 刘晓凤. 湖北省区域碳锁定分布现状及立体化解锁对策[J]. 统计与决策，2019，35(6):66－69.

[21] 欧阳慧，王丽，刘保奎. 国家低碳城(镇)评价指标体系研究[J]. 宏观经济研究，2016(9):59－66.

[22] 欧阳慧. 基于碳减排视角的国家试点低碳城(镇)发展路

径[J].城市发展研究,2016,23(6):15-20.

[23] Lewis W A. Economic development with unlimited supplies of labor[J]. Manchester School of Economic and Social Studies, 1954, 22(2): 139-191.

[24] Mas-Colell A, Razin A. A model of intersectoral migration and growth[J]. Oxford Economic Papers, New Series, 1973, 25(1):72-79.

[25] Lucas R. Life earning and rural-urban migration[J]. Journal of Political Economy, 2004, 112(2):29-59.

[26] Smith A. An inquiry into the nature and causes of the wealth of nations[M]. 1st ed. Regnery Publishing, 1998.

[27] Michael P T. A model of labor migration and urban unemployment in less developed countries [J]. The American Economist, 1969, 58(1):138-148.

[28] Krugman P R. Increasing returns and economic geography[J]. Journal of Political Economic History, 1991, 99(3):483-499.

[29] Krugman P R. Innovation and agglomeration: Two parables suggested by city-size distributions[J]. Japan and the World Economy, 1995, 7(4):371-390.

[30] Krugman P R. Space: The final frontier[J]. Journal of Economic Perspectives, 1998, 12(2):161-174.

[31] Li H N, Mu H L, Zhang M. Analysis of China's energy consumption impact factors[J]. Proc Environ Sci, 2011,11:824-830.

[32] Zha D L, Zhou D Q, Zhou P. Driving forces of residential $CO_2$ emissions in urban and rural China: An index decomposition analysis[J]. Energy Policy, 2010,38(7):3377-3383.

[33] O'Neill B C, Ren X L, Jiang L W, et al. The effect of urbanization on energy use in India and China in the iPETS model[J]. Energy Economics, 2012,34(3):339-345.

[34] Parshall L, Gurney K, Hammer S A H, et al. Modeling energy

consumption and $CO_2$ emissions at the urban scale: Methodological challenges and insights from the United States[J]. Energy Policy, 2010,38(9):4765 – 4782.

[35]  Shahbaz M, Lean H H. Does financial development increase energy consumption? The role of industrialization and urbanization in Tunisia [J]. Energy Policy, 2012,40:473 – 479.

[36]  Lantz V, Feng Q. Assessing income, population, and technology impacts on $CO_2$ emissions in Canada: Where's the EKC? [J]. Ecological Economics, 2006,57(2):229 – 238.

[37]  Jones D W. How urbanization affects energy use in developing countries[J]. Energy Policy, 1991,19(7):621 – 630.

[38]  Parikh J, Shukla V. Urbanization, energy use and greenhouse effects in economic development – results from a cross – national – study of developing countries[J]. Global Environment Change, 1995,5(2):87 – 103.

[39]  Poumanyvong P, Kaneko S. Does urbanization lead to less energy use and lower $CO_2$ emissions? A cross – country analysis [J]. Ecological Economics, 2010,70(2):434 – 444.

[40]  Ren L J, Wang W J, Wang J C. Analysis of energy consumption and carbon emission during the urbanization of Shandong Province, China[J]. Journal of Cleaner Production, 2015,103(09): 534 – 541.

[41]  Liu S W, Zhang P Y, Jiang X L. Measuring sustainable urbanization in China: A case study of the coastal Liaoning area [J]. Sustainability Science, 2013, 8:585 – 594.

[42]  Fang C L, Wang S J, Li G D. Changing urban forms and carbon dioxide emissions in China: A case study of 30 provincial capital cities[J]. Applied Energy, 2015,158: 519 – 531.

[43]  Xu L, Zhao T, Yang X F, et al. Analysis the impact of urbanization on carbon emissions using the Stirpat Model in Tianjin, China [J]. Journal of Applied Sciences, 2013, 13(21):4608 – 4611.

[44] Zhang C G, Lin Y. Panel estimation for urbanization, energy consumption and $CO_2$ emissions: A regional analysis in China[J]. Energy Policy, 2012,49:488 – 498.

[45] Zhou Y, Liu Y S, Wu W X, et al. Effects of rural – urban development transformation on energy consumption and $CO_2$ emissions: A regional analysis in China[J]. Renewable and Sustainable Energy Reviews, 2015,52(12):863 – 875.

[46] He K B, Huo H, Zhang Q, et al. Oil consumption and $CO_2$ emissions in China's road transport: Current status, future trends, and policy implications[J]. Energy Policy, 2005,33(12):1499 – 507.

[47] Liang Q M, Fan Y, Wei Y M. Multi – regional input – output model for regional energy requirements and $CO_2$ emissions in China[J]. Energy Policy, 2007,35(3):1685 – 700.

[48] Jiang K J, Hu X L. Energy demand and emissions in 2030 in China: Scenarios and policy options[J]. Environmental Economics Policy Studies, 2006,7(3):233 – 250.

[49] Li F, Liu X S, Hu D, et al. Measurement indicators and an evaluation approach for assessing urban sustainable development: A case study for China's Jining City[J]. Landscape and Urban Planning, 2009, 90(3 – 4):134 – 142.

[50] Al – mulali U. Factors affecting $CO_2$ emission in the middle east: A panel data analysis[J]. Energy, 2012,44(1):564 – 569.

[51] Poumanyvong P, Kaneko S. Does urbanization lead to less energy use and lower $CO_2$ emissions? A cross – country analysis[J]. Ecological Economics, 2010,70(2):434 – 444.

[52] Cole M A, Neumayer E. Examining the impact of demographic factors on air pollution[J]. Population and Environment, 2004, 26(1): 5 – 21.

[53] Wang Z H, Yin F C, Zhang Y X, et al. An empirical research

on the influencing factors of regional $CO_2$ emissions: Evidence from Beijing city, China[J]. Applied Energy, 2012,100:277 - 284.

[54] Sharma S S. Determinants of carbon dioxide emissions: Empirical evidence from 69 countries[J]. Applied Energy, 2011,88(1):376 - 382.

[55] Fan Y, Liu L C, Wu G, et al. Analyzing impact factors of $CO_2$ emissions using the STIRPAT model[J]. Environ Impact Assessment Review, 2006,26(4):377 - 395.

[56] Martínez - Zarzoso I, Maruotti A. The impact of urbanization on $CO_2$ emissions: Evidence from developing countries[J]. Ecol Econ, 2011, 70(7):1344 - 1353.

[57] Dai Y, Liu Y W. Research on relationship between Chinese urbanization process, energy consumption and carbon emission[J]. Journal of Quantitative Economics, 2013,30(1):54 - 59.

[58] Chin Stong Ho, Yuzum Matsuoka, Janice Simson, et al. Low carbon urban development strategy in Malaysia - The case of Iskandar Malaysia development corridor[J]. Habitat International, 2013, 37:43 - 51.

[59] 仇保兴. 中国特色的城镇化模式之辨——"C 模式":超越"A 模式"的诱惑和"B 模式"的泥淖[J]. 城市发展研究,2009(1):1 - 7.

[60] 赵红,陈雨蒙.我国城市化进程与减少碳排放的关系[J]. 中国软科学,2013(3):184 - 192.

[61] 周葵,戴小文.中国城市化进程与碳排放量关系的实证研究[J]. 中国人口·资源与环境,2013,23(4):41 - 48.

[62] 臧良震,张彩虹. 中国城市化、经济发展方式与 $CO_2$ 排放量的关系研究[J]. 统计与决策,2015(20):124 - 126.

[63] 梁中,徐蓓. "碳锁定"研究:一个文献综述[J].经济体制改革,2016(2):35 - 40.

[64] 道格拉斯·C.诺斯.制度、制度变迁与经济绩效[M].杭行译上海:上海人民出版, 1994.

[65] Unruh G C. Understanding carbon lock - in[J]. Energy Policy,

2000, 28(12):817 - 830.

[66] Unruh G C. Escaping carbon lock - in[J]. Energy Policy, 2002, 30(4):317 - 325.

[67] Unruh G C. Globalizing carbon lock - in[J]. Energy Policy, 2006, 34(10):1185 - 1197.

[68] Kline D. Positive feedback, lock - in, and environmental policy [J]. Policy sciences, 2001(34):95 - 107.

[69] Brown M A, Chandler J, Lapsa M V. Carbon lock - in: Barriers to deploying climate change mitigation technologies [R]. Springfield: Oak Ridge National Laboratory, 2008: 70 - 79.

[70] Martin R S. The place of path dependence in an evolutionary perspective on the economic landscape [A]. Handbook of evolutionary economic geography[M]. Chichester: Edward Elgar, 2010, 62 - 92.

[71] Karen C S, Steven J D, Ronald B M. Carbon lock - in types, causes, and policy implications[J]. Annu. Rev. Environ. Resour, 2016, 41:425 - 452.

[72] 李宏伟,郭红梅,屈锡华."碳锁定"的形成机理与"碳解锁"的模式、治理体系——基于技术体制的视角[J]. 研究与发展管理, 2013, 25(6):54 - 61.

[73] 谢来辉. 碳锁定、"解锁"与低碳经济之路[J]. 开放导报, 2009, 146(5):8 - 14.

[74] 梁中."产业碳锁定"的内涵、成因及其"解锁"政策——基于中国欠发达区域情景视角[J]. 科学学研究, 2017, 35(1):54 - 62.

[75] 吕涛,张美慧,杨玲萍. 基于扎根理论的家庭能源消费碳锁定形成机理及解锁策略研究[J]. 工业技术经济, 2014, 244(2):13 - 21.

[76] David P A. Path dependence: A foundational concept for historical social science [J]. The Journal of Historical Economics and Econometric History, 2007, 1(2):91 - 11.

[77] Mattaucha L, Creutziga F, Edenhofer O. Avoiding carbon lock -

in：Policy options for advancing structural change[J]. Economic Modelling, 2015, 50:49 – 63.

[78] Murphy J T. Making the energy transition in rural east Africa：Is leapfrogging an alternative[J]. Technological Forecasting and Social Change, 2001, 68(2):173 – 193.

[79] 杨玲萍,吕涛. 我国碳锁定原因及解锁策略[J]. 工业技术经济, 2011(4):19 – 25.

[80] 李宏伟.“碳锁定”与“碳解锁”研究:技术体制的视角[J]. 中国软科学,2013(4):39 – 48.

[81] 刘娟,谢莉娇. 发达国家和地区低碳农业技术锁定效应解除路径[J]. 世界农业,2013(11):40 – 43,47.

[82] 谢海生,庄贵阳. 碳锁定效应的内涵、作用机制与解锁路径研究[J]. 生态经济,2016(1):38 – 42,57.

[83] Yan Y, Yang L. China's foreign trade and climate change：A case study of CO$_2$ emissions[J]. Energy Policy, 38(1):350 – 356.

[84] Yan Y F, Yang L K. CO$_2$ emissions embodied in China – U. S. trade[J]. 中国人口·资源与环境(英文版),2013,7(3):3 – 10.

[85] Karlsson R. Carbon lock – in, rebound effects and China at the limits of statism[J]. Energy Policy,2012(51):939 – 945.

[86] Carley S. Historical analysis of US electricity markets：Reassessing carbon lock – in[J]. Energy Policy,2011,39(2):720 – 732.

[87] Pablo D R, Gregory U. Overcoming the lock – out of renewable energy technologies in Spain：The cases of wind and solar electricity[J]. Renewable and Sustainable Energy Reviews,2007,11(7):1498 – 1513.

[88] 周五七,唐宁. 中国工业行业碳解锁的演进特征及其影响因素[J]. 技术经济,2015,34(4):15 – 22.

[89] 陈文捷,曾德明. 我国低碳技术创新中的锁定效应与对策:基于创新系统的视角[N]. 光明日报,2010 – 03 – 30[10].

[90] 李明贤. 我国低碳农业发展的技术锁定与替代策略[J]. 湖南

农业大学学报(社会科学版),2010,11(2):1-4.

[91] 吴玉萍.河南城镇化进程中碳锁定的形成机制及解锁策略研究[J].河南师范大学学报(哲学社会科学版),2016,43(5):73-76.

[92] 孙庆彩,阮文玲.我国资源型城市"高碳锁定"的内在机制及解锁路径——以安徽省淮北市为例[J].现代城市研究,2013(2):95-99.

[93] 王志华,缪玉林,陈晓雪.江苏制造业低碳化升级的锁定效应与路径选择[J].中国人口·资源与环境,2012,22(5):278-283.

[94] 王岑."碳锁定"与技术创新的"解锁"途径[J].中共福建省委党校学报,2010(11):61-67.

[95] 刘胜.经济高碳化形成机理与低碳经济政策选择[J].中国行政管理,2011(11):61-64.

[96] 屈锡华,杨梅锦,申毛毛.我国经济发展中的"碳锁定"成因及"解锁"策略[J].科技管理研究,2013(7):201-204.

[97] 张济建,苏慧.碳锁定驱动因素及其作用机制:基于改进 PSR 模型的研究[J].会计与经济研究,2016,30(1):120-128.

[98] 汪中华,成鹏飞.中国碳超载下碳锁定与解锁路径实证研究[J].资源科学,2016,38(5):909-917.

[99] 徐盈之,郭进,刘仕萌.低碳经济背景下我国碳锁定与碳解锁路径研究[J].软科学,2015(10):33-38.

[100] 蔡海亚,徐盈之,双家鹏.区域碳锁定的时空演变特征与影响机理[J].北京理工大学学报(社会科学版),2016,18(6):24-31.

[101] 张贵群,张彦通.碳基技术锁定效应下的低碳技术应用与推广策略研究[J].苏州大学学报,2013(5):125-129.

[102] 杨园华,李力,牛国华,等.我国企业低碳技术创新中的锁定效应及实证研究[J].科技管理研究,2012(16):1-4,17.

[103] 安福仁.中国走新型工业化道路面临碳锁定挑战[J].财经问题研究,2011(12):40-44.

[104] 王敏.碳锁定与低碳进步的路径演化[J].科技进步与对策,

2011(1):15-19.

[105] 张庆彩,卢丹,张先锋.国际贸易的低碳化及我国外贸突破"高碳锁定"的策略[J].科技管理研究,2013(6):112-114,127.

[106] 周志霞.基于碳锁定的山东省特色农业集群创新模式与优化路径研究[J].宏观经济管理,2017,S1:19-20.

[107] 汪中华,成鹏飞.黑龙江省矿产资源开发区碳锁定及解锁路径[J].矿产保护与利用,2016(6):1-7.

[108] OECD. Indicators to measure decoupling of environmental pressures for economic growth[R]. Paris:OECD,2002.

[109] 庄贵阳.低碳经济:气候变化背景下中国的发展之路[M].北京:气象出版社,2007:28-30.

[110] 李忠民,庆东瑞.经济增长与二氧化碳脱钩实证研究:以山西省为例[J].福建论坛(人文社会科学版),2010(2):67-22.

[111] 徐盈之,徐康宁,胡永舜.中国制造业碳排放的驱动因素及脱钩效应[J].统计研究,2011,28(7):55-61.

[112] 李斌,曹万林.经济发展与环境污染的脱钩分析[J].经济学动态,2014(7):48-56.

[113] 陆钟武,王鹤鸣,岳强.脱钩指数:资源消耗、废物排放与经济增长的定量表达[J].资源科学,2011(1):2-9.

[114] 高鹏飞,陈文颖.碳税与碳排放[J].清华大学学报(自然科学版),2002(10):1335-1338.

[115] 吴力波,钱浩祺,汤维祺.基于动态边际减排成本模拟的碳排放权交易与碳税选择机制[J].经济研究,2014(9):48-61.

[116] 张晓娣,刘学悦.征收碳税和发展可再生能源研究——基于OLG-CGE模型的增长及福利效应分析[J].中国工业经济,2015(3):18-30.

[117] Stem N. The economics of climate change:The stem review[M]. Cambridge:Cambridge University Press,2007:1.

[118] 傅京燕,代玉婷.碳交易市场链接的成本与福利分析——基

于 MAC 曲线的实证研究[J]. 中国工业经济,2015(9):84－98.

[119] Foxon T. Overcoming barriers to innovation and diffusion of cleaner technologies:Some features of a sustainable innovation policy regime [J]. Journal of Cleaner Production,2008(16):148－161.

[120] Hamilton J, Mayne R. Scaling up local carbon action:The role of partnerships, networks and policy[J]. Carbon Management,2015,5(4):1－14.

[121] 曹霞,于娟. 绿色低碳视角下中国区域创新效率研究[J]. 中国人口·资源与环境,2015(5):10－19.

[122] 陆小成,刘立. 区域低碳创新系统的结构功能－模型研究[J]. 科学学研究,2009(7):1080－1085.

[123] 黄世坤. 我国低碳经济的区域悖论及其破解[J]. 财经科学,2012(7):111－117.

[124] 田成川. 低碳发展:贫困地区可持续发展的战略选择[J]. 宏观经济管理,2015(6):34－36.

[125] 中国人民银行盘锦市中心支行课题组. 锁定效应与反锁定安排:资源型经济发展中的产业选择和金融支持[J]. 金融研究,2001(7):46－52.

[126] 陈飞翔,黎开颜,刘佳. 锁定效应与中国地区发展不平衡[J]. 管理世界,2007(12):8－17.

[127] 陈洪. 广东区域发展不平衡的锁定效应与解锁路径[J]. 经济管理,2008(15):69－73.

[128] 黎开颜,陈飞翔. 深化开放中的锁定效应与技术依赖[J]. 数量经济技术经济研究,2008(11):56－70.

[129] 王得新. 我国区域协同发展的协同学分析——兼论京津冀协同发展[J]. 河北经贸大学学报,2016,37(3):96－101.

[130] 张平. 胶东半岛区域产业协同发展战略[J]. 科学与管理,2005(2):60－62.

[131] 张淑莲,胡丹,高素英,等. 京津冀高新技术产业协同创新研

究[J].河北工业大学学报,2011(6):107-112.

[132] 张劲文.首都经济圈跨区域产业协同创新的模式与路径研[J].改革与战略,2013,29(8):94-98.

[133] 王明安,沈其新.基于区域经济一体化的府际政治协同研究[J].理论月刊,2013(12):133-136.

[134] 张俊峰.构建府际协同关系助推中原经济区建设[J].产业与科技论坛,2013(11):35-36.

[135] 曹堂哲.政府跨域治理的缘起、系统属性和协同评价[J].经济社会体制比较,2013(5):117-127.

[136] 邱诗武.珠江三角洲区域行政协同机制构建探究[D].广州:广州大学,2012.

[137] 孙伍琴,朱顺林.金融发展促进技术创新的效率研究——基于Malmuquist指数的分析[J].统计研究,2008(3):46-50.

[138] 彭建娟.金融发展对中国高技术产业技术创新模式的影响[J].技术经济,2014(9):37-42,59.

[139] 祝佳.创新驱动与金融支持的区域协同发展研究——基于产业结构差异视角[J].中国软科学,2015(9):106-116.

[140] 甘志霞,白雪,冯钰文.基于区域低碳创新系统功能分析框架的京津冀低碳创新协同发展思路[J].环境保护,2016,44(8):57-60.

[141] 杨洁.区域低碳产业协同创新体系形成机理及实现路径研究[J].科技进步与对策,2014(4):26-29.

[142] 余晓钟,辜穗.跨区域低碳经济发展管理协同机制研究[J].科技进步与对策,2013,30(21):41-44.

[143] 孙华平,耿涌,孔玉生,等.区域协同发展中碳排放转移规制策略研究[J].科技进步与对策,2016,33(21):40-44.

[144] Qi T Z,Sun R,Gou C K,et al. Research on the framework and path of low carbon coordinated development in Beijing - Tianjin - Hebei region [J]. Agricultural Science & Technology,2016,17(4):983-988.

[145] Grossman G M,Krueger A B. Environmental impacts of a North

American free trade agreement［C］. National Bureau of Economic Research Working Paper. NBER,Cambridge,1991 :3914.

［146］ Talukdar D, Meisner C M. Does the private sector help or hurt the environment? Evidence from carbon dioxide pollution in developing countries［J］. World Development,2001,29(5):827 − 840.

［147］ Anderw K J. Does foreign investment harm the air we breathe and the water we drink［J］. Organization Environment,2007(20):137 − 156.

［148］ 肖慧敏.中国产业结构变动的碳排放效应研究——基于省级面板数据［J］.地域研究与开发, 2011,30(5):84 − 87.

［149］ 谭飞燕,张雯.中国产业结构变动的碳排放效应分析——基于省际数据的实证研究［J］.经济问题,2011(9):32 − 35.

［150］ 郑长德,刘帅.产业结构与碳排放:基于中国省际面板数据的实证分析［J］.开发研究,2011(2):26 − 33

［151］ 宋帮英,苏方林.我国东中西部碳排放量影响因素面板数据研究［J］.地域研究与开发,2011,30(1):19 − 24.

［152］ 张友国.经济发展方式变化对中国碳排放强度的影响［J］.经济研究,2010(4):120 − 123.

［153］ 薛勇,郭菊娥,孟磊.中国 $CO_2$ 排放的影响因素分解与预测［J］.中国人口・资源与环境,2011,21(5):106 − 112.

［154］ 黄敏,刘剑锋.外贸隐含碳排放变化的驱动因素研究——基于 I-O SDA 模型的分析［J］.国际贸易问题,2011(4):94 − 103.

［155］ 陈诗一.中国碳排放强度的波动下降模式及经济解释［J］.世界经济,2011(4):124 − 143.

［156］ Ang B W, Choi K H. Decomposition of aggregate energy and gas emission intensities for industry:A refined Divisia index method［J］. Energy Journal,1997(3):59 − 73.

［157］ 郭朝先.产业结构变动对中国碳排放的影响［J］.中国人口・资源与环境,2012,22(6):15 − 20.

［158］ 任建兰,徐成龙,陈延斌,等.黄河三角洲高效生态经济区工

业结构调整与碳减排对策研究[J].中国人口·资源与环境,2015,25(4):35-42.

[159] 陈永国,褚尚军,聂锐.我国产业结构与碳排放强度的演进关系——基于"开口 P 型曲线"的解释[J].河北经贸大学学报,2013,34(2):54-59.

[160] 张伟,王韶华.产业结构变动对碳强度影响的灵敏度分析[J].软科学,2013,27(8):46-49.

[161] 朱永彬,王铮.中国产业结构优化路径与碳排放趋势预测[J].地理科学进展,2014,33(12):1579-1586.

[162] 李科.中国产业结构与碳排放量关系的实证检验——基于动态面板平滑转换模型的分析[J].数理统计与管理,2014,33(3):381-393.

[163] 蔡海亚.中国碳锁定的行业差异分解与解锁路径分析[J].北京交通大学学报(社会科学版),2018,17(2):44-51.

[164] 徐盈之,陈艳.中国省际碳锁定的空间溢出效应——基于空间自回归模型的实证研究[J].华南师范大学学报(社会科学版),2018(2):126-134.

[165] 王志强,蒲春玲.新疆区域碳锁定形成机制与判定研究[J].环境科学与技术,2018,41(03):168-172,185.

[166] 鲍健强.低碳经济:人类经济发展方式的新变革[J].中国工业经济,2008(4):153-160.

[167] 杨万东.低碳经济与经济结构的再调整[J].理论视野,2010(2):34-35.

[168] Sheinbaum C, Ozawa L, Castillo D. Using logarithmic mean Divisia index to analyze changes in use and carbon dioxide emissions in Mexico's iron and steel industry[J]. Energy Economics, 2010(32):1337-1344.

[169] Liu L C, Fan Y, Wu G, et al. Using LMDI method to analyze the change of China's industrial $CO_2$ emissions from final fuel use: An

empirical analysis[J]. Energy Policy,2007,35:5892 – 5900.

[170] 徐国泉,刘则渊,姜照华.中国碳排放的因素分解模型及实证分析:1995 –2004[J].中国人口·资源与环境,2006,16(6):158 – 161.

[171] 王铮,朱永彬.我国各省区碳排放量状况及减排对策研究[J].中国科学院院刊,2008 (2):109 – 115.

[172] 宋德勇,卢忠宝.中国碳排放影响因素分解及其周期性波动研究[J].中国人口·资源与环境,2009,19(3):18 – 23.

[173] 朱勤,彭希哲,陆志明,等.中国能源消费碳排放变化的因素分解及实证分析[J].资源科学,2009,31(12):2072 – 2079.

[174] 刘畅,孔宪丽,高铁梅.中国工业行业能源消耗强度变动及影响因素的实证分析[J].资源科学,2008,30(9):1290 – 1299.

[175] 赵欣,龙如银.江苏省碳排放现状及因素分解实证分析[J].中国人口·资源与环境,2010,20(7):25 – 30.

[176] Zhang Y G. Structural decomposition analysis of sources of decarbonizing economic development in China:1992 – 2006 [J]. Ecological Economics,2009,68(8 – 9):2399 – 2405.

[177] 魏本勇,方修琪,王媛,等.基于最终需求的中国出口贸易碳排放研究[J].地理科学,2009(10):634 – 640.

[178] 齐晔.中国进出口贸易中的隐含碳估算[J].中国人口·资源与环境,2008(3):69 – 75.

[179] 刘红光,刘卫东,唐志鹏.中国产业能源消费碳排放结构及其减排敏感性分析[J].地理科学进展,2010(6):670 – 676.

[180] 余慧超,王礼茂.中美商品贸易的碳排放转移研究[J].自然资源学报,2009(10):1837 – 1846.

[181] 李小平,卢现祥.国际贸易、污染产业转移和中国工业二氧化碳排放[J].经济研究,2010(1):15 – 26.

[182] 尚红云,蒋萍.中国能源消耗变动影响因素的结构分解[J].资源科学,2009,31(2):214 – 223.

[183] Ehrlich P R, Holden J P. Impact of population growth[J].

Science,1971:171.

[184] Schlze P C. I = PBAT[J]. Ecological Economics,2002(40):149 – 150.

[185] Kaya Y. Impact of carbon dioxide emission on GNP growth:Interprelation of proposed scenarios[R]. Paris:Presentation to the Energy and Industry Subgroup, Response Strategies Working Group,IPCC,1989:1 – 25.

[186] 冯相昭.中国二氧化碳排放趋势的经济分析[J].中国人口·资源与环境,2009(3):43 – 47.

[187] Richard Y, Eugene A R, Thomas D. STIRPAT, IPAT and ImPACT:Analytic tools for unpacking the driving forces of environmental impacts[J]. Ecological Economics,2003, 46:351 – 365.

[188] 孙敬水,陈稚蕊,李志坚.中国发展低碳经济的影响因素研究——基于扩展的 STIRPAT 模型分析[J].审计与经济研究,2011,26(4):85 – 93.

[189] 尹向飞.人口、消费、年龄结构与产业结构对湖南碳排放的影响及其演进分析——基于 STIRPAT 模型[J].西北人口,2011,32(2):65 – 82.

[190] Wagner M. The carbon Kuznets curve:A cloudy picture emitted by bad econometrics [J]. Resource and Energy Economics,2008,30(3):388 – 408.

[191] Apergis N, Payne J E. $CO_2$ emissions, energy usage and output in central America[J]. Energy Policy,2009,37(8):3282 – 3286.

[192] 宋涛,郑挺国,佟连军.基于面板协整的环境库茨涅兹曲线的检验与分析[J].中国环境科学,2007,27(4):572 – 576.

[193] 胡初枝,黄贤金,钟太洋,等.中国碳排放特征及其动态演进分析[J].中国人口·资源与环境, 2008(3):18 – 24.

[194] 任重,周云波.环渤海地区的经济增长与工业废气污染问题研究[J].中国人口·资源与环境, 2009,19(2):63 – 68.

[195] 许广月,宋德勇.中国碳排放环境库兹涅茨曲线的实证研

究——基于省域面板数据[J].中国工业经济,2010(5):37-47.

[196] Stretesky P B, Lynch M J. A cross-national study of the association between per capita carbon dioxide emissions and exports to the United States[J]. Social Science Research,2009(38):239-250.

[197] 许广月,宋德勇.我国出口贸易、经济增长与碳排放关系的实证研究[J].国际贸易问题,2010(1):74-79.

[198] 牛叔文,丁永霞,李怡心,等.能源消耗、经济增长和碳排放之间的关联分析[J].中国软科学,2010(5):12-19,80.

[199] 刘再起,陈春.低碳经济与产业结构调整研究[J].国外社会科学,2008(3):21-27.

[200] 张秀梅,李升峰,黄贤金,等.江苏省1996年至2007年碳排放效应及时空格局分析[J].资源科学,2010,32(4):768-775.

[201] 赵荣钦,黄贤金.基于能源消费的江苏省土地利用碳排放与碳足迹[J].地理研究,2010,29(9):1639-1649.

[202] Bretschger L,Ramer R,Schwark F. Growth effects of carbon policies:Applying a fully dynamic CGE model with heterogeneous capital[J]. Resource and Energy Economics,2011(33):963-980.

[203] 吴彼爱,高建华,徐冲.基于产业结构和能源结构的河南省碳排放分解分析[J].经济地理,2010,30(11):1902-1907.

[204] 马艳,严金强,李真.产业结构与低碳经济的理论与实证分析[J].华南师范大学学报:社会科学版,2010(5):119-123.

[205] 张雷,李艳梅,黄园浙,等.中国结构节能减排的潜力分析[J].中国软科学,2011(2):42-51

[206] 郭朝先.产业结构变动对中国碳排放的影响[J].中国人口·资源与环境,2012,22(6):15-20.

[207] 张伟,王韶华.产业结构变动对碳强度影响的灵敏度分析[J].软科学,2013,27(8):46-49.

[208] 付允,马永欢,刘怡君,等.低碳经济的发展模式研究[J].中国人口·资源与环境,2008(3):14-18.

［209］ 袁男优.低碳经济的概念内涵［J］.城市环境与城市生态，2010（2）：43-46.

［210］ 范建华.低碳经济的理论内涵及体系构建研究［J］.当代经济，2010（4）：122-123.

［211］ Urban F. Pro - poor low carbon development and the role of growth［J］. International Journal of Green Economics，2010，14（1）：82-93.

［212］ 王璟珉，聂利彬.低碳经济研究现状述评［J］.山东大学学报（哲学社会科学版），2011（2）：66-67.

［213］ 冯之浚，周荣，张倩.低碳经济的若干思考［J］.中国软科学，2009（12）：18-23.

［214］ 刘华容.关于中国建设低碳消费模式分析［J］.中南林业科技大学学报（社会科学版），2010（4）：64-67，71.

［215］ 汪玲萍，刘庆新.绿色消费、可持续消费、生态消费及低碳消费评析［J］.东华理工大学学报（社会科学版），2012（3）：215-218.

［216］ 才凤敏.引导低碳消费的政策分析及工具选择［J］.南京工业大学学报（社会科学版），2010（1）：15-18.

［217］ 赵晓光，许振成，胡习邦，等.低碳消费战略框架体系研究［J］.环境科学与技术，2010（S1）：515-518.

［218］ 任卫峰.低碳经济与环境金融创新［J］.上海经济研究，2008（3）：38-42.

［219］ 戴亦欣.中国低碳城市发展的必要性和治理模式分析［J］,中国人口·资源与环境，2009（3）：12-17.

［220］ 李迅，曹广忠，徐文珍，等.中国低碳生态城市发展战略［J］.城市发展研究，2010（1）：32-39.

［221］ 陈飞，诸大建.低碳城市研究的理论方法与上海实证分析［J］.城市发展研究，2009（10）：71-79.

［222］ 仇保兴.我国城市发展模式转型趋势——低碳生态城市［J］.城市发展研究，2009（8）：1-6.

［223］ 谭志雄，陈德敏.区域碳交易模式及实现路径研究［J］.中国

软科学,2012(4):76-84.

[224] 冉光和,鲁钊阳.低碳产业研究进展[J].江苏社会科学,2011(3):75-79.

[225] 陈文婕,颜克高.新兴低碳产业发展策略研究[J].经济地理,2010(2):200-203.

[226] 王亚柯,娄伟.低碳产业支撑体系构建路径浅议——以武汉市发展低碳产业为例[J].华中科技大学学报(社会科学版),2010(4):95-99.

[227] 王崇梅.中国经济增长与能源消耗脱钩分析[J].中国人口·资源与环境,2010(3):35-37.

[228] 钟太洋,黄贤金,王柏源.经济增长与建设用地扩张的脱钩分析[J].自然资源学报,2010,25(1):18-31.

[229] 孙耀华,李忠民.中国各省区经济发展与碳排放脱钩关系研究.中国人口·资源与环境,2011,21(5):87-92.

[230] 李忠民,庆东瑞.经济增长与二氧化碳脱钩实证研究[J].福建论坛(人文社会科学版),2010(2):67-72.

[231] 聂锐,张涛,王迪.基于IPAT模型的江苏省能源消费与碳排放情景研究[J].自然资源学报,2010,25(9):1557-1564.

[232] Elhorst J P. Specification and estimation of spatial panel data models [J]. International Regional Science Review, 2003,26(3):244-268.

[233] 牛鸿蕾.中国产业结构调整的碳排放效应研究[M].北京:经济科学出版社,2015.

[234] 牛鸿蕾,江可申.中国产业结构调整碳排放效应的多目标遗传算法[J].系统管理学报,2013,22(4):560-566,572.

[235] 牛鸿蕾,江可申.我国纺织业集聚分布格局及其影响因素的空间面板数据分析[J].数理统计与管理,2011,30(4):571-584.

[236] 牛鸿蕾,江可申.产业结构调整的低碳效应测度——基于NSGA-Ⅱ遗传算法[J].产业经济研究,2012(1):62-69,94.

[237] 牛鸿蕾,江可申.工业结构与碳排放的关联性——基于江苏

的实证分析[J].技术经济,2012(6):76－83.

［238］牛鸿蕾,江可申.中国产业结构调整的碳排放效应——基于STIRPAT扩展模型及空间面板数据的实证研究[J].技术经济,2013,32(8):53－62.

［239］Niu H L, Jiang K S. Dynamic grey incidence analysis between the industrial structure evolution and the regional economic growth: An empirical study based on Jiangsu province [C]. 2009 IEEE International Conference on Grey Systems and Intelligent Services,2009,11:108－113.

［240］牛鸿蕾,江可申.航空航天制造业的发展优势与状况[J].技术经济与管理研究,2012(2):111－115.

［241］Niu H L. An empirical study on the relationship between textile industry's development and economic growth in China [C]. Proceedings of 2010 International Conference on Management Science and Engineering (MSE 2010) (Volume 4),2010,10:91－94.

［242］Niu H L. Dynamic grey incidence analysis between the industrial structure evolution and the energy consumption intensity in Jiangsu province of China[C]. IIGSS－CPS 第二届学术会议论文,2010,6:113－116.

［243］Chen J L, Niu H L. Analysis of factors influencing on cluster growth of the Small & Medium－Sized enterprise during the economic transition period[C].战略管理国际会议论文集,2009,6:245－252.

［244］牛鸿蕾.中国工业结构调整的碳排放效应预测——基于动态多目标优化模型[J].技术经济与管理研究, 2016(11):17－21.

［245］Niu H L, Lekse W. Carbon emission effect of urbanization at regional level: Empirical Evidence from China[J]. Economics: The Open－Access, Open－Assessment E－Journal, 2018－44:1－31.

［246］牛鸿蕾,刘志勇.基于动态空间杜宾面板模型中国建筑业碳排放的影响因素研究[J].生态经济,2017(8):74－80.

［247］牛鸿蕾.中国城镇化碳排放效应的实证检验[J].统计与决策,2019(6):138－142.

［248］ 牛鸿蕾.中国工业结构调整对碳排放的关联效应测算分析[J].工业技术经济,2014(2):22－31.

［249］ 牛鸿蕾.基于耦合与脱钩视角的江苏城镇化碳排放效应实证研究[J].经济论坛,2018(8):128－132.

［250］ 牛鸿蕾,江可申,魏洁云,等.江苏航空航天制造业发展分析[J].唯实,2014(3):52－54.

［251］ Niu H L, Liu Z Y. Grey incidence analysis between urbanization and energy intensity:An empirical case of China[C]. Proceedings of International Conference on Management Science & Engineering (23rd), 2016(8):280－285.

［252］ Niu H L, Liu Z Y. Spatial panel data analysis on the effect of urbanization on energy consumption in China[C]. Proceedings of International Conference on Cyber－Enabled Distributed Computing and Knowledge Discovery, 2016(11):177－180.

［253］ 李小帆,张洪潮.产业集聚对碳排放的影响研究——以城镇化水平为门槛的非线性分析[J].生态经济,2019,35(10):31－36,57.

［254］ 肖远飞,吴允,周祎庆.新型城镇化建设能否促进低碳技术创新[J].重庆理工大学学报(社会科学),2019,33(9):22－32.

［255］ 许文强,史志呈.基于LEAP模型的近零碳排放区示范工程技术路径研究——以广东城镇为例[J].广东科技,2019,28(9):52－59.

［256］ 李娟.河南省城镇化、产业创新与城市碳排放量的关系研究[J].广西质量监督导报,2019(8):5.

［257］ 王怡.基于新型城镇化的碳排放成本控制[J].中国集体经济,2019(24):36－37.

［258］ 王华星,石大千.新型城镇化有助于缓解雾霾污染吗——来自低碳城市建设的经验证据[J].山西财经大学学报,2019,41(10):15－27.

［259］ 梁雯,方韶晖.物流产业增长、城镇化与碳排放动态关系研究[J].江汉学术,2019,38(4):73－81.

［260］　王梦洁.中国城镇民用建筑碳排放区域差异及影响因素研究［D］.北京:北京交通大学,2019.

［261］　王妍.城镇化对交通碳排放的影响机理及实证研究［D］.北京:北京交通大学,2019.

［262］　刘晓红.新型城镇化进程中能源消费、经济增长与碳排放动态关系实证研究［J］.南京晓庄学院学报,2019,35(3):97－103.

［263］　方德斌,陈卓夫,郝鹏.北京城镇居民碳排放的影响机理——基于 LMDI 分解法［J］.北京理工大学学报(社会科学版),2019,21(3):30－38.

［264］　范建双,周琳.城镇化及房地产投资对中国碳排放的影响机制及效应研究［J］.地理科学,2019,39(4):644－653.

［265］　杨帆,路正南.城镇化进程中人口结构对碳排放的影响分析——以江苏省为例［J］.物流工程与管理,2019,41(4):130－135.

［266］　张玉华,张涛.改革开放以来科技创新、城镇化与碳排放［J］.中国科技论坛,2019(4):28－34,57.

［267］　田建国,王玉海.中国人口城镇化滞后对碳排放的影响［J］.环境经济研究,2019,4(1):8－21.

［268］　李晓桐.新型城镇化下的中国绿色低碳发展［J］.全国流通经济,2019(3):108－109.

［269］　朱中军,魏景赋,田文举.城镇化对中国不同区域碳排放影响的对比分析［J］.新疆农垦经济,2018(12):27－34.

［270］　王雅楠,马明义,陈伟,等.城镇化对碳排放的门槛效应及区域空间分布［J］.环境科学与技术,2018,41(11):165－172.

［271］　冯冬,李健.我国三大城市群城镇化水平对碳排放的影响［J］.长江流域资源与环境,2018,27(10):2194－2200.

［272］　程琳琳,张俊飚,何可.多尺度城镇化对农业碳生产率的影响及其区域分异特征研究——基于 SFA、E 指数与 SDM 的实证［J］.中南大学学报(社会科学版),2018,24(5):107－116.

［273］　韩秀艳,孙涛,高明.新型城镇化建设、能源消费增长与碳排

放强度控制研究[J].软科学,2018,32(9):90-93.

[274] 王锋,林翔燕,刘娟,等.城镇化对区域碳排放效应的研究综述[J].生态环境学报,2018,27(8):1576-1584.

[275] 刘晓芸.新型城镇化低碳发展的法治化保障研究[J].环境保护,2018,46(14):55-58.

[276] 李国志.城镇居民生活能源碳排放的省域差异及影响因素[J].北京交通大学学报(社会科学版),2018,17(3):32-40.